普通高等教育“十三五”规划教材

化工原理实验

熊航行　许维秀　主编

U0407489

化学工业出版社
·北京·

《化工原理实验》主要包括绪论，实验数据误差分析和数据处理，化工原理基础实验，化工原理演示及选修实验，化工原理仿真实验，化工原理实验数据的计算机处理等内容。

本书在内容和形式上更注重体现教学内容、教学模式、教学方法以及实验技术等方面的先进性，并体现基础性与先进性的有机结合，突出工程实验的特点，强调基础理论与工程实践相结合，强调工程观念的培养，注重化工实验的共性问题。

本书可作为高等院校化学工程与工艺、制药工程、过程装备与控制工程、材料科学与工程、高分子材料与工程、环境科学与工程、生物工程等专业的实验教材，也可供相关专业的研究人员参考。

图书在版编目（CIP）数据

化工原理实验/熊航行，许维秀主编．—北京：化学工业出版社，2016.8(2024.8重印)
普通高等教育“十三五”规划教材
ISBN 978-7-122-27448-9

Ⅰ.①化…　Ⅱ.①熊…　②许…　Ⅲ.①化工原理-实验-高等学校-教材　Ⅳ.①TQ02-33

中国版本图书馆CIP数据核字（2016）第145177号

责任编辑：旷英姿　　文字编辑：向　东
责任校对：王素芹　　装帧设计：王晓宇

出版发行：化学工业出版社（北京市东城区青年湖南街13号　邮政编码100011）
印　　装：北京盛通数码印刷有限公司
787mm×1092mm　1/16　印张10½　字数233千字　　2024年8月北京第1版第6次印刷

购书咨询：010-64518888　　售后服务：010-64518899
网　　址：http://www.cip.com.cn
凡购买本书，如有缺损质量问题，本社销售中心负责调换。

定　　价：27.00元　　

前言

FOREWORD

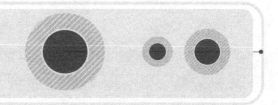

化工原理实验作为化工类人才培养过程中重要的实践环节，在培养知识面广、动手能力强且独立思维能力较强的创新人才教育中起着重要的作用。它具有直观性、实践性、综合性和创新性，而且还能培养学生具有一丝不苟的工作作风和实事求是的工作态度。近年来，现代化化工厂逐渐实现自动化和半自动化的生产控制，大量的工作人员从繁杂的操作中解脱出来，这对现代化的员工也提出了更高的要求。目前，大型化工厂基本实现 DCS 系统中央集中控制，员工除了掌握基本的化工单元操作知识外，还需要熟悉计算机 DCS 系统控制的相关知识。因此，现代的化工单元操作实验教学也需要跟随社会发展的要求，进行教学改革。

《化工原理实验》根据荆楚理工学院化工原理任课教师多年的教学实践而编写。本书注重实验教材的实践性和单元操作的工程性，在内容的编排取材上注重理论联系实际和运用实验方法解决工程问题，紧密结合计算机技术和软件的应用，如设置化工原理仿真实验（3D）、化工原理实训以及实验数据的计算机处理等内容。对于一些综合性较强、涉及内容较多的实验，给出了实验记录、表格整理及实验数据处理和分析方法示例，供学生参考。

本书由荆楚理工学院熊航行、许维秀任主编，荆楚理工学院熊泽云、王洪林参与编写，第 1～4 章由熊航行编写，第 5 章由许维秀编写，第 6 章由熊泽云编写，附录由王洪林编写。

本书在编写过程中，参阅了有关杂志和兄弟院校的教材等资料，由于篇幅所限，未能一一列举，谨此说明。

由于时间紧迫、能力所限，难免存在不妥之处，衷心地希望读者批评指正，使其日臻完善。

编　者

2016 年 3 月

CONTENTS

目录

第1章 绪论

化工原理实验是一门以化工单元操作过程原理和设备为主要内容、以处理工程问题的实验研究方法为特色的实践性课程。通过本课程的学习，巩固和加深对化工原理课程中基本理论知识的理解，了解典型化工设备的原理和操作，掌握化工中用数学模型法和因次论指导下的实验研究方法及数据处理，掌握化工数据的基本测试技术。并能运用所学的理论知识去解决实验中遇到的各种实际问题，培养科学的思维方法及严谨的科学作风。

本课程内容强调实践性和工程观念，并将能力和素质培养贯穿于实验课的全过程。围绕“化工原理”课程中最基本的理论，开设有基础型和综合型等实验，培养学生掌握实验研究方法，培养学生严谨的科学态度和工程观念，训练其独立思考、综合分析问题和解决问题的能力。因此，在实验课的全过程中，学生在思维方法和创新能力方面都得到培养和提高，为今后的学习和工作打下坚实的基础。

1.1 化工原理实验的目的及要求

1.1.1 化工原理实验的目的

（1）巩固和深化理论知识

在学习化工基础课程的基础上，进一步理解一些比较典型的已被或将被广泛应用的化工过程与设备的原理和操作，巩固和深化化工基础的理论知识。

（2）提供一个理论联系实际的机会

用所学的化工基础等化学化工的理论知识去解决实验中遇到的各种实际问题，同时学习在化工领域内如何通过实验获得新的知识和信息。

（3）培养学生从事科学实验的能力

实验能力主要包括：

① 为了完成一定的研究课题，设计实验方案的能力；

② 进行实验，观察和分析实验现象的能力和解决实验问题的能力；

③ 正确选择和使用测量仪表的能力；

④ 提高计算与分析问题的能力，运用计算机及软件处理实验数据，以数学方式或图标科学地表达实验结果，并进行必要的分析讨论，编写完整的实验报告；

⑤ 运用文字表达技术报告的能力等。

学生只有通过一定数量的实验训练，才能掌握各种实验技能，为将来从事科学研究和解决工程实际问题打下坚实基础。

(4) 培养科学的思维方法、严谨的科学态度和良好的科学作风，提高自身素质水平。

1.1.2 化工原理实验的要求

为了能达到较好的实验效果，要求实验前必须做到以下几个环节。

(1) 课前预习

① 认真阅读实验教材，掌握实验项目要求、实验原理、实验步骤及所需测量的参数。熟悉实验所用测量仪表的使用方法，掌握其操作规程和安全注意事项。

② 到实验室现场熟悉实验设备和流程，摸清测试点和控制点位置。确定操作程序、所测参数项目、所测参数单位及所测数据点如何分布等。

③ 具有 CAI——计算机辅助教学设备的，可让学生进行计算机仿真练习。通过计算机仿真练习，熟悉各个实验的操作步骤和注意事项，以增强实验效果。

④ 在预习和计算机仿真练习基础上，写出实验预习报告。预习报告内容包括实验目的、原理、流程、操作步骤、注意事项等。准备好原始数据记录表格，并标明各参数的单位。

⑤ 特别要注意使用设备或实验操作中可能会产生的危险，以保证实验过程中人身和设备安全。不预习实验者不准做实验。预习报告经指导教师检查通过后方可进行实验。

(2) 实验操作环节　一般以 3～4 人为一小组合作进行实验，实验前必须做好组织工作，做到既分工、又合作。每个组员要各负其责，并且要在适当的时候进行轮换工作，这样既能保证质量，又能获得全面的训练。实验操作注意事项如下。

① 实验设备的启动操作，应按教材说明的程序逐项进行，设备启动前必须检查。

a. 对泵、风机、压缩机、真空泵等设备，启动前先用手扳动联轴节，看能否正常转动。

b. 设备、管道上各个阀门的开、闭状态是否合乎流程要求。

上述皆为正常时，才能合上电闸，使设备运转。

② 操作过程中设备及仪表有异常情况时，应立即按停车步骤停车并报告指导教师，对问题的处理应了解其全过程，这是分析问题和处理问题的极好机会。

③ 操作过程中应随时观察仪表指示值的变动，确保操作过程在稳定条件下进行。出现不符合规律的现象时应注意观察研究，分析其原因，不要轻易放过。

④ 停车前应先将有关气源、水源、电源关闭，然后切断电机电源，并将各阀门恢复至实验前所处的位置（开或关）。

(3) 测定、记录和数据处理

① 确定要测定的数据　凡是与实验结果有关或在整理数据时必须用到的参数都应测定。原始数据记录表的设计应在实验前完成。原始数据应包括工作介质性质、操作条

件、设备几何尺寸及大气条件等。并不是所有数据都要直接测定，凡是可以根据某一参数推导出或根据某一参数由手册查出的数据，就不必直接测定。例如水的黏度、密度等物理性质，一般只要测出水温后即可查出，因此不必直接测定水的黏度、密度，而应该改测水的温度。

② 实验数据的分割　实验时要测的数据尽管有多个，但常选择其中一个数据作为自变量来控制，而把其他受其影响或控制的随之而变的数据作为因变量，如离心泵特性曲线就将流量作为自变量，而将其他同流量有关的扬程、轴功率、效率等作为因变量。实验结果又往往要将这些所测的数据标绘在各种坐标系上，为了使所测数据在坐标系上得到分布均匀的曲线，这里就涉及实验数据均匀分割的问题。化工原理实验最常用的有两种坐标系；直角坐标系和双对数坐标系，坐标系不同所采用的分割方法也不同。其分割值 x 与实验预定的测定次数 n 以及其最大、最小的控制量 $x_{\max}$、$x_{\min}$之间的关系如下：

a. 对于直角坐标系

$$x_i = x_{\min} \qquad \Delta x = \frac{x_{\max} - x_{\min}}{n-1} \qquad \Delta x_{i+1} = x_i + \Delta x$$

b. 对于双对数坐标系

$$x_i = x_{\min} \qquad \lg\Delta x = \frac{\lg x_{\max} - \lg x_{\min}}{n-1}$$

$$\text{因此，}\Delta x = \left(\frac{x_{\max}}{x_{\min}}\right)^{\frac{1}{n-1}} \qquad x_{i+1} = x_i \Delta x$$

③ 读数与记录

a. 待设备各部分运转正常，操作稳定后才能读取数据。如何判断是否已达稳定，一般要经两次测定，其读数应相同或十分相近。当变更操作条件后，各项参数达到稳定需要一定的时间，因此也要待其稳定后方可读数，否则易造成实验结果无规律甚至反常。

b. 同一操作条件下，不同数据最好是数人同时读取，若操作者同时兼读几个数据时，应尽可能动作敏捷。

c. 每次读数都应与其他有关数据及前一点数据对照，看看相互关系是否合理，如不合理应查找原因，是现象反常还是读错了数据，并要在记录上注明。

d. 所记录的数据应是直接读取的原始数值，不要经过运算后记录，例如秒表读数 1 分 23 秒，应记为 1′23″，不要记为 83″。

e. 读取数据必须充分利用仪表的精度，读至仪表最小分度以下一位数，这个数应为估计值。如水银温度计最小分度为 0.1℃，若水银柱恰指 22.4℃时，应记为 22.40℃。注意过多取估计值的位数是毫无意义的。

有些参数在读数过程中波动较大，读取时，首先要设法减小其波动。在波动不能完全消除的情况下，可取波动的最高点与最低点两个数据，然后取平均值。在波动不很大时，可取一次波动的高低点之间的中间值作为估计值。

f. 不要凭主观臆测修改记录数据，也不要随意舍弃数据，对可疑数据，除有明显原因，如读错、误记等情况使数据不正常可以舍弃之外，一般应在数据处理时检查处理。

g. 记录完毕要仔细检查一遍，有无漏记或记错之处，特别要注意仪表上的计量单位。实验完毕，须将原始数据记录表格交指导教师检查并签字，认为准确无误后方可结束实验。

④ 数据的整理及处理

a. 原始记录只可进行整理，绝不可以随便修改。经判断确实为过失误差造成的不正确数据须注明后可以剔除不计入结果。

b. 采用列表法整理数据清晰明了、便于比较，一张正式实验报告一般要有四种表格：原始数据记录表、中间运算表、综合结果表和结果误差分析表。中间运算表之后应附有计算示例，以说明各项之间的关系。

c. 运算中尽可能利用常数归纳法，以避免重复计算，减少计算错误。例如，流体阻力实验，计算 Re 和 λ 值，可按以下方法进行。

例如，Re 的计算

$$Re=\frac{du\rho}{\mu}$$

其中 d、μ、ρ 在水温不变或变化甚小时可视为常数，合并为 $A\left(A=\frac{d\rho}{\mu}\right)$，故有

$$Re=Au$$

A 的值确定后，改变 u 值可算出 Re 值。

又例如，管内摩擦系数 λ 值的计算，由直管阻力计算公式

$$\Delta p=\lambda\,\frac{l}{d}\times\frac{\rho u^2}{2}$$

得
$$\lambda=\frac{d}{l}\times\frac{2}{\rho}\times\frac{\Delta p}{u^2}=B'\frac{\Delta p}{u^2}$$

式中，常数 $B'=\frac{d}{l}\times\frac{2}{\rho}$。

实验中流体压降 Δp，用 U 形压差计读数 R 测定，则 $\Delta p=gR\ (\rho_0-\rho)\ =B''R$

式中，常数 $B''=g\ (\rho_0-\rho)$。

将 Δp 代入上式整理为

$$\lambda=B'B''\frac{R}{u^2}=B\frac{R}{u^2}$$

式中，常数 B 为 $B=\frac{d}{l}\times\frac{2g\ (\rho_0-\rho)}{\rho}$

仅有变量 R 和 u，这样 λ 的计算非常方便。

d. 实验结果及结论用列表法、图示法或回归分析法来说明都可以，但均需标明实验条件。列表法、图示法和回归分析法详见第 3 章实验数据处理。

(4) 编写实验报告

实验报告根据各个实验要求按传统实验报告格式编写。实验报告应按规定时间上交，否则报告成绩要扣分；不交实验报告者不允许参加期末笔试。

1.1.3 实验报告的编写

实验报告是实验工作的全面总结和系统概括，是实践环节中不可缺少的一个重要组

成部分。实验报告可以按传统实验报告格式。

以下介绍传统实验报告格式。

本课程实验报告的内容应包括以下几项。

① 实验报告封面 实验名称，报告人姓名、班级及同组实验人姓名，实验地点，指导教师，实验日期，上述内容作为实验报告的封面。

② 实验目的和内容 简明扼要地说明为什么要进行本实验，实验要解决什么问题。

③ 实验的理论依据（实验原理） 简要说明实验所依据的基本原理，包括实验涉及的主要概念，实验依据的重要定律、公式及据此推算的重要结果。要求准确、充分。

④ 实验装置流程示意图 简单地画出实验装置流程示意图和测试点、控制点的具体位置并注明主要设备、仪表的名称。标出设备、仪器仪表及调节阀等的标号，在流程图的下方写出图名及与标号相对应的设备、仪器等的名称。

⑤ 实验操作要点 根据实际操作程序划分为几个步骤，并在前面加上序数词，以使条理更为清晰。对于操作过程的说明应简单、明了。

⑥ 注意事项 对于容易引起设备或仪器仪表损坏、容易发生危险以及一些对实验结果影响比较大的操作，应在注意事项中注明，以引起注意。

⑦ 原始数据记录 记录实验过程中从测量仪表所读取的数值。读数方法要正确，记录数据要准确，要根据仪表的精度决定实验数据的有效数字的位数。

⑧ 数据处理 数据处理是实验报告的重点内容之一，要求将实验原始数据经过整理、计算、加工成表格或图的形式。表格要易于显示数据的变化规律及各参数的相关性；图要能直观地表达变量间的相互关系。

⑨ 数据处理计算过程举例 以某一组原始数据为例，把各项计算过程列出，以说明数据整理表中的结果是如何得到的。

⑩ 实验结果的分析与讨论 实验结果的分析与讨论是实验者理论水平的具体体现，也是对实验方法和结果进行的综合分析研究，是工程实验报告的重要内容之一，主要包括以下内容。

a. 从理论上对实验所得结果进行分析和解释，说明其必然性；

b. 对实验中的异常现象进行分析讨论，说明影响实验的主要因素；

c. 分析误差的大小和原因，指出提高实验结果的途径；

d. 将实验结果与前人和他人的结果对比，说明结果的异同，并解释这种异同；

e. 本实验结果在生产实践中的价值和意义，推广和应用效果的预测等；

f. 由实验结果提出进一步的研究方向或对实验方法及装置提出改进建议等。

⑪ 实验结论 结论是根据实验结果所做出的最后判断，得出的结论要从实际出发，有理论依据。

1.2 化工原理实验室规则

① 实验室是进行科学实验的场所，到实验室进行实验时应保持实验室的整洁和安静。禁止在实验室内大声喧哗、追逐嬉闹和随地吐痰；禁止赤足、穿拖鞋进实验室。

② 在实验室内必须以严肃认真的态度进行实验，遵守实验室的各项规章制度，不得迟到、无故缺课，室内不得进行与实验无关的事。

③ 爱护仪器、实验设备及实验室其他设施。在未弄清仪器设备使用前，不得运转；否则，损坏照价赔偿。在保证完成实验要求下，注意节约水、电、气、油以及化学药品等。

④ 实验操作过程中，注意用电、用液化气及使用有害药品的安全；注意防火，实验室内严禁吸烟，精馏塔等附近不准使用明火；启动电器设备时，防触电，注意电机有无异常声音。

⑤ 实验过程中，注意保持实验环境的整洁。实验结束后应进行清洁和整理，将仪器设备恢复原状。

⑥ 实验过程中，如因违反操作规程损坏仪器、设备者，应根据情节轻重和认识态度由指导教师会同实验室负责人商定，按仪器、设备价值酌情折价赔偿，情节严重、损失较大者，上报学校进行处理。

⑦ 实验过程中应服从指导教师及实验室工作人员的指导。否则，将视其情节进行批评直至停止实验操作。

⑧ 实验完毕，须做好清洁工作，恢复仪器设备到原状，关闭水、电、气等。并将实验中所记录的数据交与教师审查签字后，方可离开实验室。

第2章 实验数据误差分析和数据处理

2.1 实验数据的误差分析

由于实验方法和实验设备的不完善、周围环境的影响以及人的观察力、测量程序等限制，实验测量值和真值之间总是存在一定的差异。人们常用绝对误差、相对误差或有效数字来说明一个近似值的准确程度。为了评定实验数据的精确性或误差，认清误差的来源及其影响，需要对实验的误差进行分析和讨论。由此可以判定哪些因素是影响实验精确度的主要方面，从而在以后实验中，进一步改进实验方案，缩小实验测量值和真值之间的差值，提高实验的精确性。

2.1.1 误差的基本概念

测量就是用实验的方法，将被测物理量与所选用作为标准的同类量进行比较，从而确定它的大小。

(1) 真值与平均值

真值是待测物理量客观存在的确定值，也称理论值或定义值。通常真值是无法测得的。若在实验中，测量的次数无限多时，根据误差的分布定律，正负误差的出现概率相等。再经过细致地消除系统误差，将测量值加以平均，可以获得非常接近于真值的数值。但是实际上实验测量的次数总是有限的。用有限测量值求得的平均值只能是近似真值，常用的平均值有下列几种。

① 算术平均值　算术平均值是最常见的一种平均值。

设 x_1、x_2、…、x_n 为各次测量值，n 代表测量次数，则算术平均值为

$$\overline{x}=\frac{x_1+x_2+\cdots+x_n}{n}=\frac{\sum_{i=1}^{n}x_i}{n} \tag{2-1}$$

② 几何平均值　几何平均值是将一组 n 个测量值连乘并开 n 次方求得的平均值。即

$$\overline{x}_{几}=\sqrt[n]{x_1x_2\cdots x_n} \tag{2-2}$$

③ 均方根平均值

$$\overline{x}_{均}=\sqrt{\frac{x_1^2+x_2^2+\cdots+x_n^2}{n}}=\sqrt{\frac{\sum_{i=1}^{n}x_i^2}{n}} \tag{2-3}$$

④ 对数平均值　在化学反应、热量和质量传递中，其分布曲线多具有对数的特性，在这种情况下表征平均值常用对数平均值。

设两个量 x_1、x_2，其对数平均值

$$\overline{x}_{对}=\frac{x_1-x_2}{\ln x_1-\ln x_2}=\frac{x_1-x_2}{\ln\dfrac{x_1}{x_2}} \tag{2-4}$$

应指出，变量的对数平均值总小于算术平均值。当 $x_1/x_2\leqslant 2$ 时，可以用算术平均值代替对数平均值。

当 $x_1/x_2=2$，$\overline{x}_{对}=1.44x_2$，$\overline{x}=1.50x_2$，$[(\overline{x}-\overline{x}_{对})/\overline{x}_{对}]\times 100\%=4.2\%$，即 $x_1/x_2\leqslant 2$,引起的误差不超过 4.2%。

以上介绍各平均值的目的是要从一组测定值中找出最接近真值的那个值。在化工实验和科学研究中，数据的分布较多属于正态分布，所以通常采用算术平均值。

(2) 误差的分类

根据误差的性质和产生的原因，一般分为三类。

① 系统误差　系统误差是指在测量和实验中由未发觉或未确认的因素所引起的误差，而这些因素影响结果永远朝一个方向偏移，其大小及符号在同一组实验测定中完全相同，当实验条件一经确定，系统误差就获得一个客观上的恒定值。

当改变实验条件时，就能发现系统误差的变化规律。

系统误差产生的原因：测量仪器如刻度不准，仪表零点未校正或标准表本身存在偏差等；周围环境的改变，如温度、压力、湿度等偏离校准值；实验人员的习惯和偏向，如读数偏高或偏低等引起的误差。针对仪器的缺点、外界条件变化影响的大小、个人的偏向，待分别加以校正后，系统误差是可以清除的。

② 偶然误差　在已消除系统误差的一切量值的观测中，所测数据仍在末一位或末两位数字上有差别，而且它们的绝对值和符号的变化，时而大时而小、时正时负，没有确定的规律，这类误差称为偶然误差或随机误差。偶然误差产生的原因不明，因而无法控制和补偿。但是，倘若对某一量值做足够多次的等精度测量后，就会发现偶然误差完全服从统计规律，误差的大小或正负的出现完全由概率决定。因此，随着测量次数的增加，随机误差的算术平均值趋近于零，所以多次测量结果的算数平均值将更接近于真值。

③ 过失误差　过失误差是一种显然与事实不符的误差，它往往是由实验人员粗心大意、过度疲劳和操作不正确等原因引起的。此类误差无规律可循，只要加强责任感、多方警惕、细心操作，过失误差是可以避免的。

(3) 精密度、准确度和精确度

反映测量结果与真实值接近程度的量，称为精度（亦称精确度）。它与误差大小相对应，测量的精度越高，其测量误差就越小。“精度”应包括精密度和准确度两层含义。

① 精密度　测量中所测得数值重现性的程度，称为精密度。它反映偶然误差的影响程度，精密度高就表示偶然误差小。

② 准确度　测量值与真值的偏移程度，称为准确度。它反映系统误差的影响精度，

准确度高就表示系统误差小。

③ 精确度（精度）　它反映测量中所有系统误差和偶然误差综合的影响程度。

在一组测量中，精密度高的准确度不一定高，准确度高的精密度也不一定高，但精确度高，则精密度和准确度都高。

为了说明精密度与准确度的区别，可用下述打靶子的例子来说明。如图 2-1 所示。图 2-1（a）表示精密度和准确度都很好，则精确度高；图 2-1（b）表示精密度很好，但准确度却不高；图 2-1（c）表示精密度与准确度都不好。

绝对真值是不可知的，人们只能制定出一些国际标准作为测量仪表准确性的参考标准。随着人类认识运动的推移和发展，可以逐步逼近绝对真值。

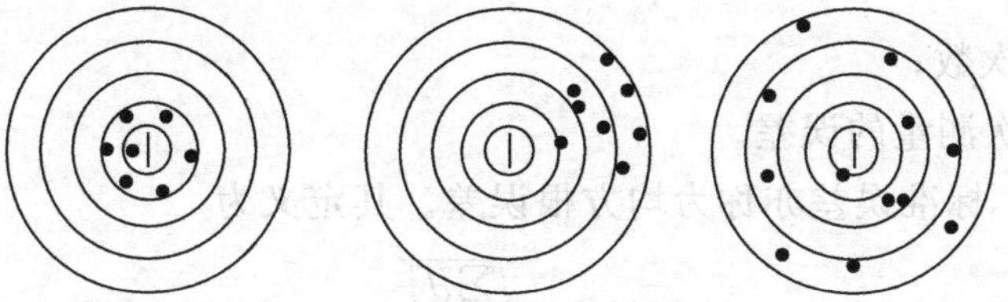

图 2-1　精密度和准确度的关系

（4）误差的表示方法

利用任何量具或仪器进行测量时，总存在误差，测量结果总不可能准确地等于被测量的真值，而只是它的近似值。测量的质量高低以测量精确度作指标，根据测量误差的大小来估计测量的精确度。测量结果的误差越小，则认为测量就越精确。

① 绝对误差　测量值 X 和真值 A_0 之差为绝对误差，通常称为误差。记为

$$D = X - A_0 \tag{2-5}$$

由于真值 A_0 一般无法求得，因而式（2-5）只有理论意义。常用高一级标准仪器的示值作为实际值 A 以代替真值 A_0。由于高一级标准仪器存在较小的误差，因而 A 不等于 A_0，但总比 X 更接近于 A_0。X 与 A 之差称为仪器的示值绝对误差。记为

$$d = X - A \tag{2-6}$$

与 d 相反的数称为修正值，记为

$$C = -d = A - X \tag{2-7}$$

通过检定，可以由高一级标准仪器给出被检仪器的修正值 C。利用修正值便可以求出该仪器的实际值 A。即

$$A = X + C \tag{2-8}$$

② 相对误差　某一测量值的准确程度，一般用相对误差来表示。示值绝对误差 d 与被测量的实际值 A 的百分比值称为实际相对误差。记为

$$\delta_A = \frac{d}{A} \times 100\% \tag{2-9}$$

以仪器的示值 X 代替实际值 A 的相对误差称为示值相对误差。记为

$$\delta_X = \frac{d}{X} \times 100\% \tag{2-10}$$

一般来说，除了某些理论分析外，用示值相对误差较为适宜。

③ 引用误差　为了计算和划分仪表精确度等级，提出引用误差概念。其定义为仪表示值的绝对误差与量程范围之比。

$$\delta_B=\frac{示值绝对误差}{量程范围}\times100\%=\frac{d}{X_n}\times100\% \tag{2-11}$$

式中　d——示值绝对误差；

X_n——标尺上限值−标尺下限值。

④ 算术平均误差　算术平均误差是各个测量点的误差的平均值。

$$\delta_{平}=\frac{\sum|d_i|}{n}\quad i=1,2,\cdots,n \tag{2-12}$$

式中　n——测量次数；

d_i——第 i 次测量的误差。

⑤ 标准误差　标准误差亦称为均方根误差。其定义为

$$\sigma=\sqrt{\frac{\sum d_i^2}{n}} \tag{2-13}$$

式（2-13）使用于无限测量的场合。实际测量工作中，测量次数是有限的，则改用式（2-14）

$$\sigma=\sqrt{\frac{\sum d_i^2}{n-1}} \tag{2-14}$$

标准误差不是一个具体的误差，σ 的大小只说明在一定条件下等精度测量集合所属的每一个测量值对其算术平均值的分散程度，σ 的值越小说明每一次测量值对其算术平均值分散度越小，测量的精度越高，反之精度越低。

在化工原理实验中最常用的U形管压差计、转子流量计、秒表、量筒、电压计等仪表原则上均取其最小刻度值为最大误差，而取其最小刻度值的一半作为绝对误差计算值。

（5）测量仪表精确度

测量仪表的精确等级是用最大引用误差（又称允许误差）来标明的。它等于仪表示值的最大绝对误差与仪表的量程范围之比的百分数。

$$\delta_{n\max}=\frac{示值最大绝对误差}{量程范围}\times100\%=\frac{d_{\max}}{X_n}\times100\% \tag{2-15}$$

式中　$\delta_{n\max}$——仪表的最大测量引用误差；

$d_{\max}$——仪表示值的最大绝对误差；

X_n——标尺上限值−标尺下限值。

通常情况下是用标准仪表校验较低级的仪表。所以，最大示值绝对误差就是被校表与标准表之间的最大绝对误差。

测量仪表的精度等级是国家统一规定的，把允许误差中的百分号去掉，剩下的数字就称为仪表的精度等级。仪表的精度等级常以圆圈内的数字标注在仪表的面板上。例如，某台压力计的允许误差为1.5%，这台压力计电工仪表的精度等级就是1.5，通常

简称为 1.5 级仪表。

仪表的精度等级为 a，它表明仪表在正常工作条件下，其最大引用误差的绝对值 δ_{max} 不能超过的界限，即

$$\delta_{n\max}=\frac{d_{\max}}{X_n}\times 100\%\leqslant a \tag{2-16}$$

由式（2-16）可知，在应用仪表进行测量时所能产生的最大绝对误差（简称误差限）为

$$d_{\max}\leqslant aX_n \tag{2-17}$$

而用仪表测量的最大值相对误差为

$$\delta_{n\max}=\frac{d_{\max}}{X_n}\leqslant a\frac{X_n}{X} \tag{2-18}$$

由式（2-18）可以看出，只是用仪表测量某一被测量所能产生的最大示值相对误差，不会超过仪表允许误差 a（%）乘以仪表测量上限 X_n 与测量值 X 的比。在实际测量中为可靠起见，可用式（2-19）对仪表的测量误差进行估计，即

$$\delta_m=a\frac{X_n}{X} \tag{2-19}$$

【例 2-1】 用量限为 5A，精度为 0.5 级的电流表，分别测量两个电流，$I_1=5\text{A}$，$I_2=2.5\text{A}$，试求测量值 I_1 和 I_2 的相对误差为多少？

解

$$\delta_{m1}=a\frac{I_n}{I_1}=0.5\%\times\frac{5}{5}=0.5\%$$

$$\delta_{m2}=a\frac{I_n}{I_2}=0.5\%\times\frac{5}{2.5}=1.0\%$$

由此可见，当仪表的精度等级选定时，所选仪表的测量上限越接近被测量的值，则测量值的误差的绝对值越小。

【例 2-2】 欲测量约 90V 的电压，实验室现有 0.5 级 0～300V 和 1.0 级 0～100V 的电压表。问选用哪一种电压表进行测量较好？

解 用 0.5 级 0～300V 的电压表测量 90V 的电压的相对误差为

$$\delta_{m0.5}=a_1\frac{U_n}{U}=0.5\%\times\frac{300}{90}=1.7\%$$

用 1.0 级 0～100V 的电压表测量 90V 的电压的相对误差为

$$\delta_{m1.0}=a_2\frac{U_n}{U}=1.0\%\times\frac{100}{90}=1.1\%$$

上例说明，如果选择得当，用量程范围适当的 1.0 级仪表进行测量，能得到比用量程范围大的 0.5 级仪表更准确的结果。因此，在选用仪表时，应根据被测量值的大小，在满足被测量数值范围的前提下，尽可能选择量程小的仪表，并使测量值大于所选仪表满刻度的 2/3，即 $X>2X_n/3$。这样既可以满足测量误差要求，又可以选择精度等级较低的测量仪表，从而降低仪表的成本。

2.1.2 有效数字及其运算规则

在科学与工程中，该用几位有效数字来表示测量或计算结果，总是以一定位数的数

字来表示。不是说一个数值中小数点后面位数越多越准确。实验中从测量仪表上所读数值的位数是有限的，这取决于测量仪表的精度，其最后一位数字往往是仪表精度所决定的估计数字。即一般应读到测量仪表最小刻度的十分之一位。数值准确度大小由有效数字位数来决定。

（1）有效数字

一个数据，其中除了起定位作用的“0”外，其他数都是有效数字。如 0.0037 只有两位有效数字，而 370.0 则有 4 位有效数字。一般要求测试数据有效数字为 4 位。要注意有效数字不一定都是可靠数字。如测流体阻力所用的 U 形管压差计，最小刻度是 1mm，但我们可以读到 0.1mm，如 342.4mmHg。又如二等标准温度计最小刻度为 0.1℃，我们可以读到 0.01℃，如 15.16℃。此时有效数字为 4 位，而可靠数字只有 3 位，最后一位是不可靠的，称为可疑数字。记录测量数值时只保留一位可疑数字。

为了清楚地表示数值的精度，明确读出有效数字位数，常用指数的形式表示，即写成一个小数与相应 10 的整数幂的乘积。这种以 10 的整数幂来记数的方法称为科学记数法。

例如：

75200　　有效数字为 4 位时，记为 7.520×10^4；

　　　　有效数字为 3 位时，记为 7.52×10^4；

　　　　有效数字为 2 位时，记为 7.5×10^4。

0.00478　　有效数字为 4 位时，记为 4.780×10^{-3}；

　　　　有效数字为 3 位时，记为 4.78×10^{-3}；

　　　　有效数字为 2 位时，记为 4.8×10^{-3}。

（2）有效数字运算规则

① 记录测量数值时，只保留一位可疑数字。

② 当有效数字位数确定后，其余数字一律舍弃。舍弃办法是四舍六入五成双，即末位有效数字后边第一位小于 5，则舍弃不计；大于 5 则在前一位数上增 1；等于 5 时，前一位为奇数，则进 1 为偶数，前一位为偶数，则舍弃不计。这种舍入原则可简述为：“小则舍，大则入，正好等于奇变偶”。例如，保留 4 位有效数字，则

3.71729→3.717

5.14285→5.143

7.62356→7.624

9.37656→9.376

③ 在加减计算中，各数所保留的位数，应与各数中小数点后位数最少的相同。例如，将 24.65、0.0082、1.632 三个数字相加时，应写为 24.65＋0.01＋1.63＝26.29。

④ 在乘除运算中，各数所保留的位数，以各数中有效数字位数最少的那个数为准；其结果的有效数字位数亦应与原来各数中有效数字最少的那个数相同。例如，$0.0121\times25.64\times1.05782$ 应写成 $0.0121\times25.64\times1.06=0.328$。上例说明，虽然这三个数的乘积为 0.3281823，但只应取其积为 0.328。

⑤ 在对数计算中，所取对数位数应与真数有效数字位数相同。

2.1.3　误差的基本性质

在化工原理实验中通常直接测量或间接测量得到有关的参数数据。这些参数数据的可靠程度如何，如何提高其可靠性，必须研究在给定条件下误差的基本性质和变化规律加以确定。

(1) 误差的正态分布

如果测量数列中不包括系统误差和过失误差，从大量的实验中发现偶然误差的大小有如下几个特征。

① 绝对值小的误差比绝对值大的误差出现的机会多，即误差的概率与误差的大小有关，这是误差的单峰性。

② 绝对值相等的正误差或负误差出现的次数相当，即误差的概率相同，这是误差的对称性。

③ 极大的正误差或负误差出现的概率都非常小，即大的误差一般不会出现，这是误差的有界性。

④ 随着测量次数的增加，偶然误差的算术平均值趋近于零，这叫误差的抵偿性。

根据上述的误差特征，绘出误差分布曲线，如图 2-2 所示。图中横坐标表示偶然误差，纵坐标表示误差出现的概率，以 $y=f(x)$ 表示。其数学表达式由高斯提出，具体形式为：

$$y=\frac{1}{\sqrt{2\pi}\sigma}\mathrm{e}^{-\frac{x^2}{2\sigma^2}} \tag{2-20}$$

或

$$y=\frac{h}{\sqrt{\pi}}\mathrm{e}^{-h^2x^2} \tag{2-21}$$

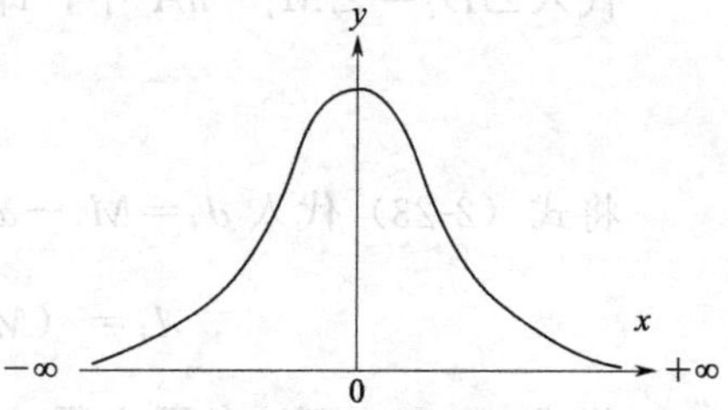

图 2-2　误差分布

式 (2-20) 和式 (2-21) 称为高斯误差分布定律亦称为误差方程。式中，σ 为标准误差；h 为精确度指数。σ 和 h 的关系为：

$$y=\frac{1}{\sqrt{2}\sigma} \tag{2-22}$$

若误差按函数关系分布，则称为正态分布。σ 越小，测量精度越高，分布曲线的峰越高且窄；σ 越大，分布曲线越平坦且越宽，如图 2-3 所示。由此可知，σ 越小，小误差占的比重越大，测量精度越高。反之，则大误差占的比重越大，测量精度越低。

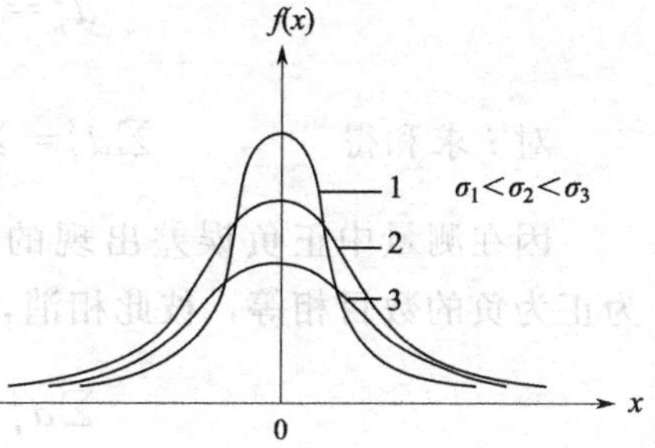

图 2-3　不同 σ 的误差分布曲线

(2) 测量集合的最佳值

在测量精度相同的情况下，测量一系列测量值 M_1，M_2，M_3，…，M_n 所组成的测量集合，假设其平均值为 M_m，则各次测量误差为

$$x_i=M_i-M_m,\quad i=1,2,\cdots,n$$

当采用不同的方法计算平均值时，所得到的误差值不同，误差出现的概率亦不同。若选取适当的计算方法，使误差最小，而概率最大，由此计算的平均值为最佳值。根据高斯分布定律，只有各点误差平方和最小，才能实现概率最大。这就是最小乘法值。由此可见，对于一组精度相同的测量值，采用算术平均得到的值是该组量值的最佳值。

(3) 有限测量次数中标准误差 σ 的计算

在没有系统误差存在的情况下，以无限多次测量所得到的算术平均值为真值。当测量次数为有限时，所得到的算术平均值近似于真值，称最佳值。因此，测量值与真值之差不同于测量值与最佳值之差。

令真值为 A，计算平均值为 a，测量值为 M，并令 $d=M-a$，$D=M-A$，则

$$d_1=M_1-a, \qquad D_1=M_1-A$$

$$d_2=M_2-a, \qquad D_2=M_2-A$$

$$\cdots \qquad \cdots$$

$$d_n=M_n-a, \qquad D_n=M_n-A$$

$$\sum d_i=\sum M_i-na, \quad \sum D_i=\sum M_i-nA$$

因为 $\sum M_i-na=0$，所以 $\sum M_i=na$。

代入 $\sum D_i=\sum M_i-nA$ 中，即得

$$a=A+\frac{\sum D_i}{n} \tag{2-23}$$

将式 (2-23) 代入 $d_i=M_i-a$ 中，得

$$d_i=(M_i-A)-\frac{\sum D_i}{n}=D_i-\frac{\sum D_i}{n} \tag{2-24}$$

将式 (2-24) 两边各平方得

$$d_1^2=D_i^2-2D_1\frac{\sum D_i}{n}+\left(\frac{\sum D_i}{n}\right)^2$$

$$d_2^2=D_2^2-2D_2\frac{\sum D_i}{n}+\left(\frac{\sum D_i}{n}\right)^2$$

$$\cdots \qquad \cdots$$

$$d_n^2=D_n^2-2D_n\frac{\sum D_i}{n}+\left(\frac{\sum D_i}{n}\right)^2$$

对 i 求和得

$$\sum d_i^2=\sum D_i^2-2\frac{(\sum D_i)^2}{n}+n\left(\frac{\sum D_i}{n}\right)^2$$

因在测量中正负误差出现的机会相等，故将 $(\sum D_i)^2$ 展开后，D_1D_2、$D_1D_3\cdots$，为正为负的数目相等，彼此相消，故得

$$\sum d_i^2=\sum D_i^2-2\frac{\sum D_i^2}{n}+n\frac{\sum D_i^2}{n^2}$$

$$\sum d_i^2=\frac{n-1}{n}\sum D_i^2$$

从上式可以看出，在有限测量次数中，自算数平均值计算的误差平方和永远小于自真值计算的误差平方和。根据标准误差的定义

$$\sigma=\sqrt{\frac{\sum D_i^2}{n}}$$

式中，$\sum D_i^2$代表观测次数为无限多时误差的平方和，故当观测次数有限时，

$$\sigma=\sqrt{\frac{\sum d_i^2}{n-1}} \tag{2-25}$$

（4）可疑测量值的舍弃

由概率积分知，随机误差正态分布曲线下的全部积分相当于全部误差同时出现的概率，

即
$$p=\frac{1}{\sqrt{2\pi}\sigma}\int_{-\infty}^{\infty}\mathrm{e}^{-\frac{x^2}{2\sigma^2}}\mathrm{d}x=1 \tag{2-26}$$

若误差 x 以标准误差 σ 的倍数表示，即 $x=t\sigma$，则在 $\pm t\sigma$ 范围内出现的概率为 $2\Phi(t)$，超出这个范围的概率为 $1-2\Phi(t)$。$\Phi(t)$ 称为概率函数，表示为

$$\Phi(t)=\frac{1}{\sqrt{2\pi}}\int_0^t \mathrm{e}^{-\frac{t^2}{2}}\mathrm{d}t \tag{2-27}$$

$2\Phi(t)$ 与 t 的对应值在数学手册或专著中均附有此类积分表，读者需要时可自行查取。在使用积分表时，需已知 t 值。由表 2-1 和图 2-4 给出几个典型及其相应的超出或不超出 $|x|$ 的概率。

由表 2-1 知，当 $t=3$，$|x|=3\sigma$ 时，在 370 次观测中只有一次测量的误差超过 3σ 范围。在有限次的观测中，一般测量次数不超过 10 次，可以认为误差大于 3σ，可能是由于过失误差或实验条件变化未被发觉等原因引起的。因此，凡是误差大于 3σ 的数据点予以舍弃。这种判断可疑实验数据的原则称为 3σ 准则。

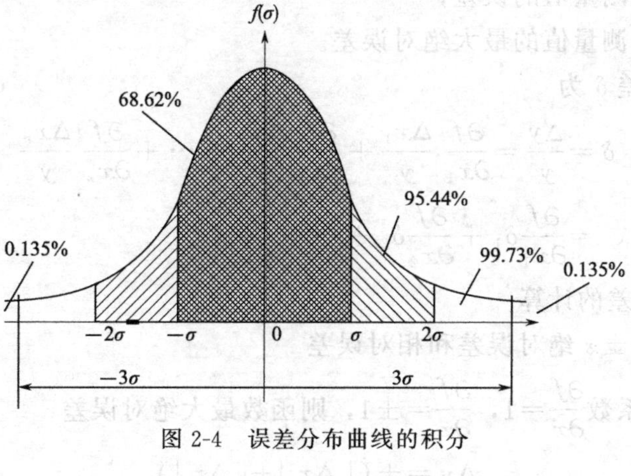

图 2-4　误差分布曲线的积分

（5）函数误差

上述讨论的主要是直接测量的误差计算问题，但在许多场合下，往往涉及间接测量的变量，所谓间接测量的变量是与直接测量的量有一定的函数关系，并根据函数被测的量，如传热问题中的传热速率。因此，间接测量值就是直接测量得到的各个测量值的函数。其测量误差是各个测量值误差的函数。

表 2-1 误差概率和出现次数

t	$\|x\|=t\sigma$	不超出$\|x\|$的概率 $2\Phi(t)$	超出$\|x\|$的概率 $1-2\Phi(t)$	测量次数 n	超出$\|x\|$的测量次数
0.67	0.67σ	0.49714	0.50286	2	1
1	1σ	0.68269	0.31731	3	1
2	2σ	0.95450	0.04550	22	1
3	3σ	0.99730	0.00270	370	1
4	4σ	0.99991	0.00009	11111	1

① 函数误差的一般形式　在间接测量中，一般为多元函数，而多元函数可用式(2-28)表示：

$$y=f(x_1,\ x_2,\ \cdots,\ x_n) \tag{2-28}$$

式中　y——间接测量值；

x_i——直接测量值。

由台劳级数展开得

$$\Delta y=\frac{\partial f}{\partial x_1}\Delta x_1+\frac{\partial f}{\partial x_2}\Delta x_2+\cdots+\frac{\partial f}{\partial x_n}\Delta x_n \tag{2-29}$$

或

$$\Delta y=\sum_{i=1}^{n}\frac{\partial f}{\partial x_i}\Delta x_i$$

它的最大绝对误差为

$$\Delta y=\left|\sum_{i=1}^{n}\frac{\partial f}{\partial x_i}\Delta x_i\right| \tag{2-30}$$

式中　$\frac{\partial f}{\partial x_i}$——误差传递系数；

Δx_i——直接测量值的误差；

Δy——间接测量值的最大绝对误差。

函数的相对误差 δ 为

$$\begin{aligned}\delta&=\frac{\Delta y}{y}=\frac{\partial f}{\partial x_1}\frac{\Delta x_1}{y}+\frac{\partial f}{\partial x_2}\frac{\Delta x_2}{y}+\cdots+\frac{\partial f}{\partial x_n}\frac{\Delta x_n}{y}\\&=\frac{\partial f}{\partial x_1}\delta_1+\frac{\partial f}{\partial x_2}\delta_2+\cdots+\frac{\partial f}{\partial x_n}\delta_n\end{aligned} \tag{2-31}$$

② 某些函数误差的计算

(a) 函数 $y=x\pm z$ 绝对误差和相对误差

由于误差传递系数$\frac{\partial f}{\partial x}=1$，$\frac{\partial f}{\partial z}=\pm 1$，则函数最大绝对误差

$$\Delta y=\pm(|\Delta x|+|\Delta z|) \tag{2-32}$$

相对误差

$$\delta_r=\frac{\Delta y}{y}=\pm\frac{|\Delta x|+|\Delta z|}{x+z} \tag{2-33}$$

(b) 函数形式为 $y=K\frac{xz}{w}$，x、z、w 为变量

误差传递系数为

$$\frac{\partial y}{\partial x}=\frac{Kz}{w}$$

$$\frac{\partial y}{\partial z}=\frac{Kx}{w}$$

$$\frac{\partial y}{\partial w}=-\frac{Kxz}{w^2}$$

函数的最大绝对误差为

$$\Delta y=\left|\frac{Kz}{w}\Delta x\right|+\left|\frac{Kx}{w}\Delta z\right|+\left|\frac{Kxz}{w^2}\Delta w\right| \tag{2-34}$$

函数的最大相对误差为

$$\delta_r=\frac{\Delta y}{y}=\left|\frac{\Delta x}{x}\right|+\left|\frac{\Delta z}{z}\right|+\left|\frac{\Delta w}{w}\right| \tag{2-35}$$

现将某些常用函数的最大绝对误差和相对误差列于表 2-2 中。

表 2-2　某些函数的误差传递公式

函数式	误差传递公式	
	最大绝对误差 Δy	最大相对误差 δ_r
$y=x_1+x_2+x_3$	$\Delta y=\pm(\lvert\Delta x_1\rvert+\lvert\Delta x_2\rvert+\lvert\Delta x_3\rvert)$	$\delta_r=\Delta y/y$
$y=x_1+x_2$	$\Delta y=\pm(\lvert\Delta x_1\rvert+\lvert\Delta x_2\rvert)$	$\delta_r=\Delta y/y$
$y=x_1x_2$	$\Delta y=\pm(\lvert x_1\Delta x_2\rvert+\lvert x_2\Delta x_1\rvert)$	$\delta_r=\pm\left(\left\lvert\frac{\Delta x_1}{x_1}+\frac{\Delta x_2}{x_2}\right\rvert\right)$
$y=x_1x_2x_3$	$\Delta y=\pm(\lvert x_1x_2\Delta x_3\rvert+\lvert x_1x_3\Delta x_2\rvert+\lvert x_2x_3\Delta x_1\rvert)$	$\delta_r=\pm\left(\left\lvert\frac{\Delta x_1}{x_1}+\frac{\Delta x_2}{x_2}+\frac{\Delta x_3}{x_3}\right\rvert\right)$
$y=x^n$	$\Delta y=\pm(nx^{n-1}\Delta x)$	$\delta_r=\pm\left(n\left\lvert\frac{\Delta x}{x}\right\rvert\right)$
$y=\sqrt[n]{x}$	$\Delta y=\pm\left(\frac{1}{n}x^{\frac{1}{n}-1}\Delta x\right)$	$\delta_r=\pm\left(\frac{1}{n}\left\lvert\frac{\Delta x}{x}\right\rvert\right)$
$y=x_1/x_2$	$\Delta y=\pm\left(\frac{x_2\Delta x_1+x_1\Delta x_2}{x_2^2}\right)$	$\delta_r=\pm\left(\left\lvert\frac{\Delta x_1}{x_1}+\frac{\Delta x_2}{x_2}\right\rvert\right)$
$y=cx$	$\Delta y=\pm\lvert c\Delta x\rvert$	$\delta_r=\pm\left(\left\lvert\frac{\Delta x}{x}\right\rvert\right)$
$y=\lg x$	$\Delta y=\pm\left\lvert 0.4343\frac{\Delta x}{x}\right\rvert$	$\delta_r=\Delta y/y$
$y=\ln x$	$\Delta y=\pm\left\lvert\frac{\Delta x}{x}\right\rvert$	$\delta_r=\Delta y/y$

【例 2-3】 用量热器测定固体比热容时采用的公式 $C_p=\frac{M(t_2-t_0)}{m(t_1-t_2)}C_{pH_2O}$

式中　M——量热器内水的质量，g；

m——被测物体的质量，g；

t_0——测量前水的温度，℃；

t_1——放入量热器前物体的温度，℃；

t_2——测量时水的温度，℃；

C_{pH_2O}——水的比热容，4.187kJ/(kg·K)。

测量结果如下：

$$M=250\text{g}\pm0.2\text{g} \qquad m=62.31\text{g}\pm0.02\text{g}$$
$$t_0=13.52℃\pm0.01℃ \qquad t_1=99.32℃\pm0.04℃$$
$$t_2=17.79℃\pm0.01℃$$

试求测量物的比热容之真值，并确定能否提高测量精度。

解 根据题意，计算函数之真值，需计算各变量的绝对误差和误差传递系数。为了简化计算，令 $\theta_0=t_2-t_0=4.27℃$，$\theta_1=t_1-t_2=81.53℃$。

方程改写为 $$C_p=\frac{M\theta_0}{m\theta_1}C_{pH_2O}$$

各变量的绝对误差为

$$\Delta M=0.2\text{g} \qquad \Delta\theta_0=|\Delta t_2|+|\Delta t_0|=0.01+0.01=0.02℃$$
$$\Delta m=0.02\text{g} \qquad \Delta\theta_0=|\Delta t_2|+|\Delta t_1|=0.04+0.01=0.05℃$$

各变量的误差传递系数为

$$\frac{\partial C_p}{\partial M}=\frac{\theta_0 C_{pH_2O}}{m\theta_1}=\frac{4.27\times4.187}{62.31\times81.53}=3.52\times10^{-3}$$

$$\frac{\partial C_p}{\partial m}=-\frac{M\theta_0 C_{pH_2O}}{m^2\theta_1}=-\frac{250\times4.27\times4.187}{62.31^2\times81.53}=-1.41\times10^{-2}$$

$$\frac{\partial C_p}{\partial \theta_0}=\frac{MC_{pH_2O}}{m\theta_1}=\frac{250\times4.187}{62.31\times81.53}=0.206$$

$$\frac{\partial C_p}{\partial \theta_1}=-\frac{M\theta_0 C_{pH_2O}}{m\theta_1^2}=-\frac{250\times4.27\times4.187}{62.31\times81.53^2}=-1.08\times10^{-2}$$

函数的绝对误差为

$$\begin{aligned}\Delta C_p&=\frac{\partial C_p}{\partial M}\Delta M+\frac{\partial C_p}{\partial m}\Delta m+\frac{\partial C_p}{\partial \theta_0}\Delta\theta_0+\frac{\partial C_p}{\partial \theta_1}\Delta\theta_1\\&=3.52\times10^{-3}\times0.2-1.41\times10^{-2}\times0.02+0.206\times0.02-1.08\times10^{-2}\times0.05\\&=0.704\times10^{-3}-0.282\times10^{-3}+4.12\times10^{-3}-0.54\times10^{-3}\\&=4.00\times10^{-3}\text{J/(g·K)}\end{aligned}$$

$$C_p=\frac{250\times4.27}{62.31\times81.53}\times4.187=0.880\text{J/(g·K)}$$

故真值 $C_p=0.8798\text{J/(g·K)}\pm0.0004\text{J/(g·K)}$

由有效数字位数考虑以上的测量结果精度已满足要求。若不仅考虑有效数字位数，尚需从比较各变量的测量精度着手，确定是否有可能提高测量精度。则本例可从分析比较各变量的相对误差着手。

各变量的相对误差分别为

$$E_M=\frac{\Delta M}{M}=\frac{0.2}{250}=8\times10^{-4}=0.08\%$$

$$E_m=\frac{\Delta m}{m}=\frac{0.02}{62.31}=3.21\times10^{-4}=0.032\%$$

$$E_{\theta_0}=\frac{\Delta\theta}{\theta_0}=\frac{0.02}{4.27}=4.68\times10^{-3}=0.468\%$$

$$E_{\theta_1}=\frac{\Delta\theta}{\theta_1}=\frac{0.05}{81.53}=6.13\times10^{-4}=0.0613\%$$

其中 θ_0 的相对误差为 0.468%，误差最大，是 M 的 5.85 倍，是 m 的 14.63 倍。为了提高 C_p 的测量精度，可改善 θ_0 的测量仪表的精度，即提高测量水温的温度计精度，如采用贝克曼温度计，分度值可达 0.002，精度为 0.001。则其相对误差为：

$$E_{\theta_0}=\frac{0.002}{4.27}=4.68\times10^{-4}=0.0468\%$$

由此可见，变量的精度基本相当。提高 θ_0 精度后 C_p 的绝对误差为

$$\begin{aligned}\Delta C_p&=3.52\times10^{-3}\times0.2-1.41\times10^{-2}\times0.02+0.206\times0.002-1.08\times10^{-2}\times0.05\\&=0.704\times10^{-3}-0.282\times10^{-3}+0.412\times10^{-3}-0.54\times10^{-3}\\&=2.94\times10^{-4}\mathrm{J/(g\cdot K)}\end{aligned}$$

系统提高精度后，C_p 的真值为

$$C_p=0.8798\mathrm{J/(g\cdot K)}\pm0.0003\mathrm{J/(g\cdot K)}$$

2.2 实验数据的处理方法

实验数据处理，就是以测量为手段，以数学运算为工具，推断出某量值的真值，并导出某些具有规律性结论的整个过程。因此对实验数据进行处理，可使人们清楚地观察到各变量之间的定量关系，以便进一步分析实验现象，得出规律，指导生产与设计。

数据处理的方法有三种：列表法、图示法和回归分析法。

2.2.1 列表法

将实验数据按自变量和因变量的关系，以一定的顺序列出数据表，即为列表法。列表法有许多优点，如为了不遗漏数据，原始数据记录表会给数据处理带来方便；列出数据使数据易比较；形式紧凑；同一表格可以表示几个变量间的关系等。列表通常是整理数据的第一步，为标绘曲线图或整理成数学公式打下基础。

(1) 实验数据表的分类

实验数据表一般分为两大类：原始数据记录表和整理计算数据表。以阻力实验测定层流 λ-Re 关系为例进行说明。

原始数据记录表是根据实验的具体内容而设计的，以清楚地记录所有待测数据。该表必须在实验前完成。层流阻力实验原始数据记录表如表 2-3 所示。

表 2-3　层流阻力实验原始数据记录表

实验装置编号：第____套　管径____m　管长____m　平均水温____℃

序号	水的体积 V/mL	时间 t/s	压差计示值			备注
			左/mm	右/mm	ΔR/mm	
1						
2						
…						
n						

整理计算数据表可细分为中间计算结果表（体现出实验过程主要变量的计算结果）、综合结果表（表达实验过程中得出的结论）和误差分析表（表达实验值与参照值或理论值的误差范围）等，实验报告中要用到几个表，应根据具体实验情况而定。层流阻力实验整理计算数据表见表 2-4，误差分析结果表见表 2-5。

表 2-4　层流阻力实验整理计算数据表

序号	流量 $V/(m^3/s)$	平均流速 u/(m/s)	层流沿程损失值 h_f/mH_2O	$Re\times10^2$	$\lambda\times10^{-2}$	λ-Re 关系式
1						
2						
…						
n						

表 2-5　层流阻力实验误差分析结果表

层流	$\lambda_{实验}$	$\lambda_{理论}$	相对误差/%

（2）设计实验数据表应注意的事项

① 表格设计要力求简明扼要，一目了然，便于阅读和使用。记录、计算项目要满足实验需要，如原始数据记录表格上方要列出实验装置的几何参数以及平均水温等常数项。

② 表头列出物理量的名称、符号和计算单位。符号与计量单位之间用斜线（“/”）隔开。斜线不能重叠使用。计量单位不宜混在数字之中，造成分辨不清。

③ 注意有效数字位数，即记录的数字应与测量仪表的准确度相匹配，不可过多或过少。

④ 物理量的数值较大或较小时，要用科学计数法表示。以“物理量的符号$\times10^{\pm n}$/计量单位”的形式记入表头。注意：表头中的$10^{\pm n}$与表中的数据应服从下式：

$$物理量的实际值\times10^{\pm n}=表中数据$$

⑤ 为便于引用，每一个数据表都应在表的上方写明表号和表题（表名）。表号应按出现的顺序编写并在正文中有所交代。同一个表尽量不跨页，必须跨页时，在跨页的表上须注“续表”。

⑥ 数据书写要清楚整齐。修改时宜用单线将错误的划掉，将正确的写在下面。各

种实验条件及作记录者的姓名可作为“表注”，写在表的下方。

2.2.2 图示法

实验数据图示法就是将整理得到的实验数据或结果标绘成描述因变量和自变量的依从关系的曲线图。该法的优点是直观清晰、便于比较，容易看出数据中的极值点、转折点、周期性、变化率以及其他特性，准确的图形还可以在不知数学表达式的情况下进行微积分运算，因此得到广泛的应用。

实验曲线的标绘是实验数据整理的第二步，在工程实验中正确作图必须遵循如下基本原则，才能得到与实验点位置偏差最小而光滑的曲线。

（1）坐标纸的选择

① 坐标系　化工中常用的坐标系为直角坐标系、单对数坐标系和双对数坐标系。下面仅介绍单对数坐标系和双对数坐标系。

a. 单对数坐标系。如图 2-5 所示。一个轴是分度均匀的普通坐标轴，另一个轴是分度不均匀的对数坐标轴。

b. 双对数坐标系。如图 2-6 所示。两个轴都是对数标度的坐标轴。

② 选用坐标纸的基本原则

a. 直角坐标纸　变量 x、y 间的函数关系式为 $y=a+bx$。

即为直线函数型，将变量 x、y 标绘在直角坐标纸上得到一直线图形，a、b 不难由图求出。

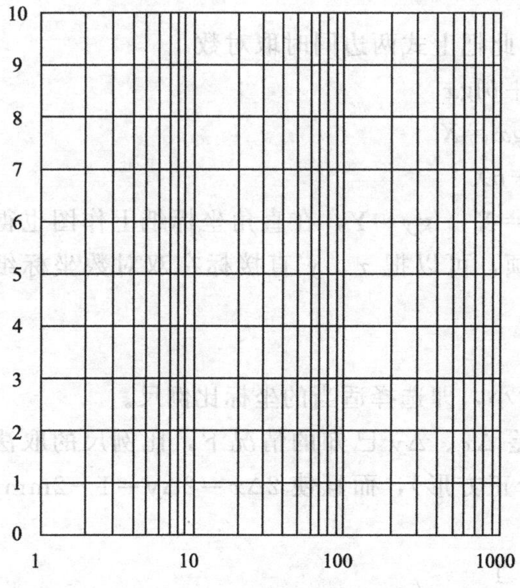

图 2-5　单对数坐标图

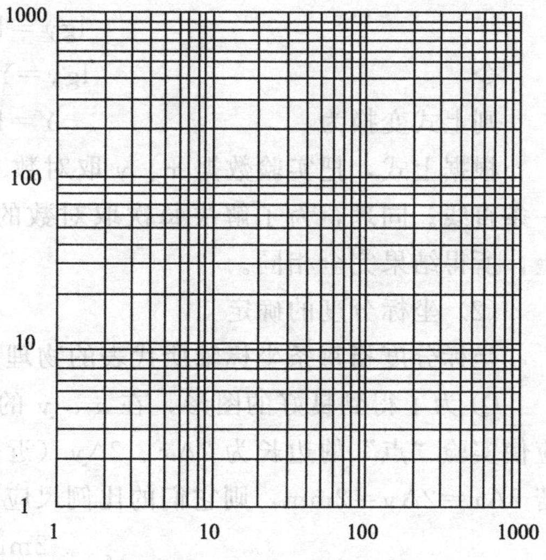

图 2-6　双对数坐标图

b. 单对数坐标　在下列情况下，建议使用单对数坐标纸。

ⅰ. 变量之一在所研究的范围内发生了几个数量级的变化。

ⅱ. 在自变量由零开始逐渐增大的初始阶段，当自变量的少许变化引起因变量极大变化时，采用单对数坐标可使曲线最大变化范围伸长，使图形轮廓清楚。

ⅲ. 当需要变换某种非线性关系为线性关系时，可用单对数坐标。如将指数型函数变换为直线函数关系。若变量 x、y 间存在指数函数型关系，则有：

$$y = a\mathrm{e}^{bx}$$

式中，a、b 为待定系数。

在这种情况下，若把 x、y 数据在直角坐标纸上作图，所得图形必为一曲线。若对上式两边同时取对数

则 $$\lg y = \lg a + bx\lg e$$

令 $$\lg y = Y$$

$$b\lg e = k$$

则上式变为 $$Y = \lg a + kx$$

经上述处理变成了线性关系，以 $\lg y = Y$ 对 x 在直角坐标纸上作图，其图形也是直线。为了避免对每一个实验数据 y 取对数的麻烦，可以采用单对数坐标纸。因此可以说把实验数据标绘在单对数坐标纸上，如为直线的话，其关联式必为指数函数型。

c. 双对数坐标　在下列情况下，建议使用双对数坐标纸。

ⅰ. 变量 x、y 在数值上均变化了几个数量级。

ⅱ. 需要将曲线开始部分划分成展开的形式。

ⅲ. 当需要变换某种非线性关系为线性关系时，例如幂函数。变量 x、y 若存在幂函数关系式，则有

$$y = ax^b$$

式中，a、b 为待定系数。

若直接在直角坐标系上作图必为曲线，为此把上式两边同时取对数

$$\lg y = \lg a + b\lg x$$

令 $$\lg y = Y,\ \lg x = X$$

则上式变换为 $$Y = \lg a + bX$$

根据上式，把实验数据 x、y 取对数 $\lg x = X$，$\lg y = Y$，在直角坐标纸上作图也得一条直线。同理，为了解决每次取对数的麻烦，可以把 x、y 直接标在双对数坐标纸上，所得结果完全相同。

(2) 坐标分度的确定

坐标分度指每条坐标轴所代表的物理量大小，即选择适当的坐标比例尺。

① 为了得到良好的图形，在 x、y 的误差 Δx、Δy 已知的情况下，比例尺的取法应使实验“点”的边长为 $2\Delta x$、$2\Delta y$（近似于正方形），而且使 $2\Delta x = 2\Delta y = 1 \sim 2\text{mm}$，若 $2\Delta x = 2\Delta y = 2\text{mm}$，则它们的比例尺应为

$$M_y = \frac{2\text{mm}}{2\Delta y} = \frac{1}{\Delta y}\text{mm}/y$$

$$M_x = \frac{2\text{mm}}{2\Delta x} = \frac{1}{\Delta x}\text{mm}/x$$

如已知温度误差 $\Delta T = 0.05℃$，则

$$M_T = \frac{1\text{mm}}{0.05℃} = 20\text{mm}/℃$$

此时温度1℃的坐标为20mm长，若感觉太大可取$2\Delta x=2\Delta y=1$mm，此时1℃的坐标为10mm长。

② 若测量数据的误差不知道，那么坐标的分度应与实验数据的有效数字大体相符，即最适合的分度是使实验曲线坐标读数和实验数据具有同样的有效数字位数。其次，横、纵坐标之间的比例不一定取得一致，应根据具体情况选择，使实验曲线的坡度介于30°～60°，这样的曲线坐标读数准确度较高。

③ 推荐使用坐标轴的比例常数$M=$（1、2、5）$\times 10^{\pm n}$（n为正整数），而3、6、7、8、9等的比例常数绝不可选用，因为后者的比例常数不但引起图形的绘制和实验麻烦，也极易引出错误。

（3）图示法应注意的事项

① 对于两个变量的系统，习惯上选横轴为自变量、纵轴为因变量。在两轴侧要标明变量名称、符号和单位，如离心泵特性曲线的横轴须标明：流量$Q/(m^3/h)$。尤其是单位，初学者往往因受纯数学的影响而容易忽略。

② 坐标分度要适当，使变量的函数关系表现清楚。

直角坐标的原点不一定选为零点，应根据所标绘数据范围而定，其原点移至比数据中最小者稍小一些的位置为宜，能使图形占满全幅坐标线为原则。

对于对数坐标，坐标轴刻度是按1，2，…，10的对数值大小划分的，其分度要遵循对数坐标的规律，当用坐标表示不同大小的数据时，只可将各值乘以10^n（n取正、负整数）而不能任意划分。对数坐标的原点不是零。在对数坐标上1、10、100、1000之间的实际距离是相同的，因为上述各数相应的对数值为0、1、2、3，这在线性坐标上的距离相同。

③ 实验数据的标绘。若在同一张坐标纸上同时标绘几组测量值，则各组要用不同符号（如○、△、×等）以示区别。若n组不同函数同时绘在一张坐标纸上，则在曲线上要标明函数关系名称。

④ 图必须有图号和图题（图名），图号应按出现的顺序编写，并在正文中有所交代。必要时还应有图注。

⑤ 图线应光滑。利用曲线板等工具将各离散点连接成光滑曲线，并使曲线尽可能通过较多的实验点，或者使曲线以外的点尽可能位于曲线附近，并使曲线两侧的点数大致相等。

2.2.3 数学方程表示法

在实验研究中，除了用表格和图形描述变量间的关系外，还常把实验数据整理成方程式，以描述过程或现象的自变量和因变量之间的关系，即建立过程的数学模型。其方法是将实验数据绘制成曲线，与已知的函数关系式的典型曲线（线性方程、幂函数方程、指数函数方程、抛物线函数方程、双曲线函数方程等）进行对照选择，然后用图解法或者数值方法确定函数式中的各种常数。所得函数表达式是否能准确地反映实验数据所存在的关系，应通过检验加以确认。运用计算机将实验数据结果回归为数学方程已成为实验数据处理的主要手段。

(1) 数学方程式的选择

数学方程式选择的原则是：既形式简单、所含常数较少，同时也希望能准确地表达实验数据之间的关系，但要满足两者条件往往难以做到，通常是在保证必要的准确度的前提下，尽可能选择简单的线性关系或者经过适当方法转换成线性关系的形式，使数据处理工作得到简单化。

数学方程式选择的方法是：将实验数据标绘在普通坐标纸上，得一直线或曲线。如果是直线，则根据初等数学可知，$y=a+bx$，其中 a、b 值可由直线的截距和斜率求得。如果不是直线，也就是说，y 和 x 不是线性关系，则可将实验曲线和典型的函数曲线相对照，选择与实验曲线相似的典型曲线函数，然后用直线化方法处理，最后以所选函数与实验数据的符合程度加以检验。

直线化方法就是将函数 $y=f(x)$ 转化成线性函数 $Y=a+bX$ 的方法。如 2.2.2 节所述的幂函数和指数函数转化成线性方程的方法。

常见函数的典型图形及线性化方法列于表 2-6。

(2) 图解法求公式中的常数（对直线化方法而言）

当公式选定后，可用图解法求方程式中的常数，本节以幂函数和指数函数、对数函数为例进行说明。

① 幂函数的线性图解　幂函数 $y=ax^b$ 经线性化后成为 $Y=\lg a+bX$。

表 2-6　化工中常见函数的典型图形及线性化方法

序号	图　形	函数及线性化方法
1	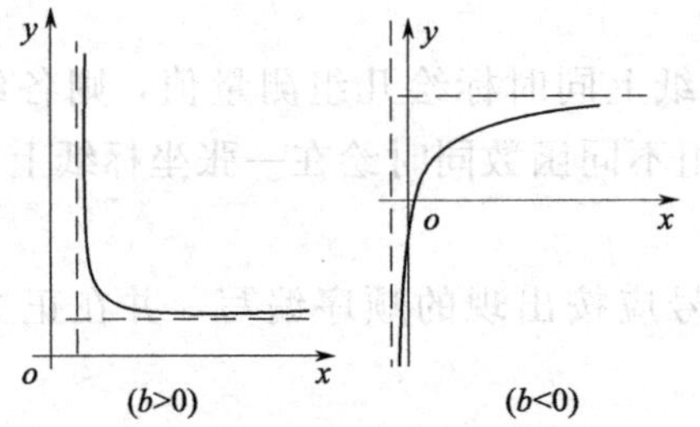	双曲线函数 $y=\frac{x}{ax+b}$ 令 $Y=\frac{1}{y}$，$X=\frac{1}{x}$，则得直线方程 $Y=a+bX$
2	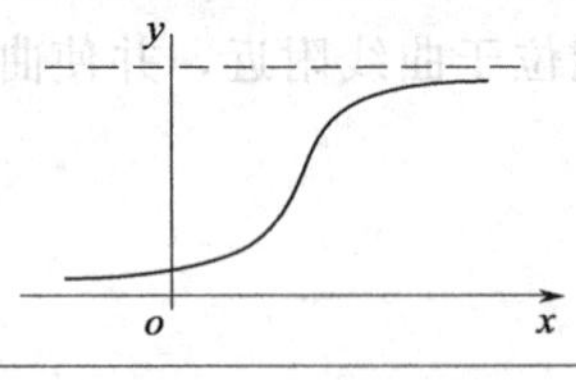	S形曲线 $y=\frac{1}{a+be^{-x}}$ 令 $Y=\frac{1}{y}$，$X=e^{-x}$，则得直线方程 $Y=a+bX$
3	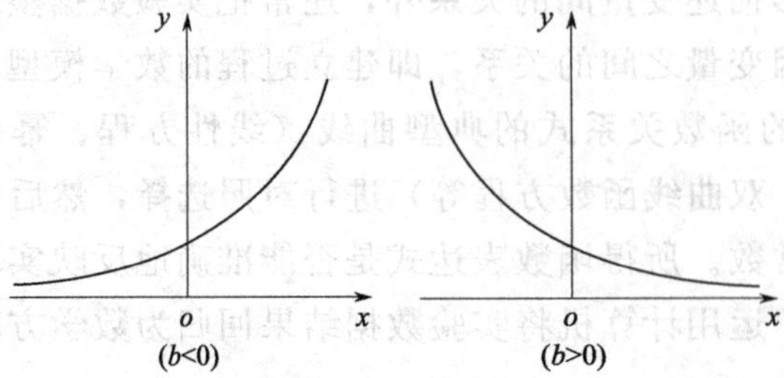	指数函数 $y=ae^{bk}$ 令 $Y=\lg y$，$X=x$，$k=b\lg e$，则得直线方程 $Y=\lg a+kX$

续表

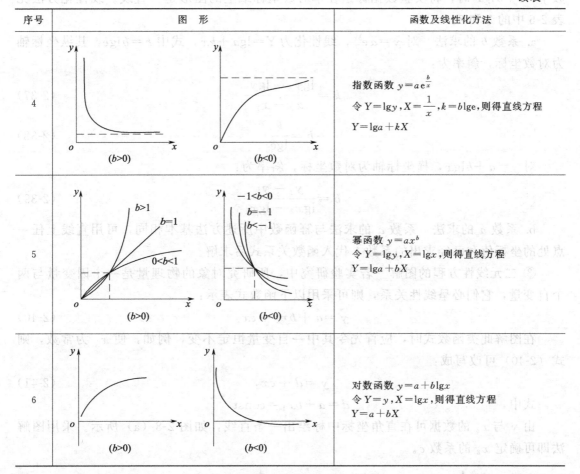

序号	图形	函数及线性化方法
4	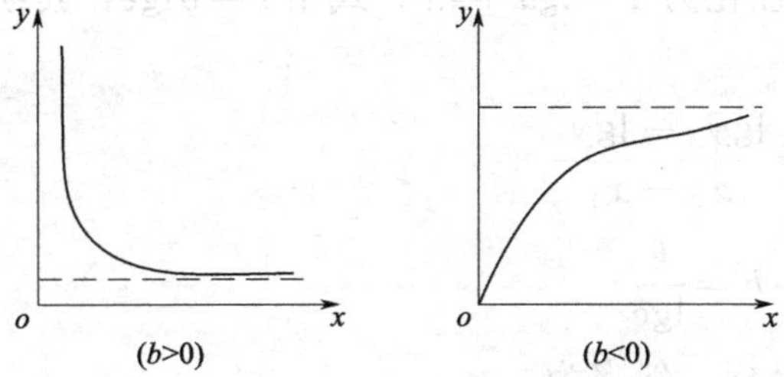	指数函数 $y=a\mathrm{e}^{\frac{b}{x}}$ 令 $Y=\lg y, X=\dfrac{1}{x}, k=b\lg\mathrm{e}$，则得直线方程 $Y=\lg a+kX$
5	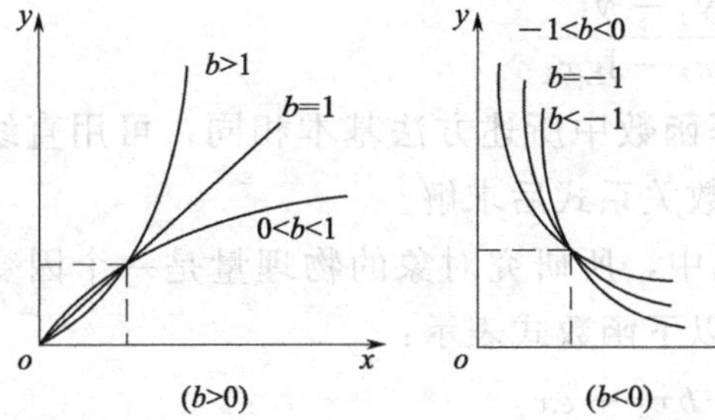	幂函数 $y=ax^b$ 令 $Y=\lg y, X=\lg x$，则得直线方程 $Y=\lg a+bX$
6	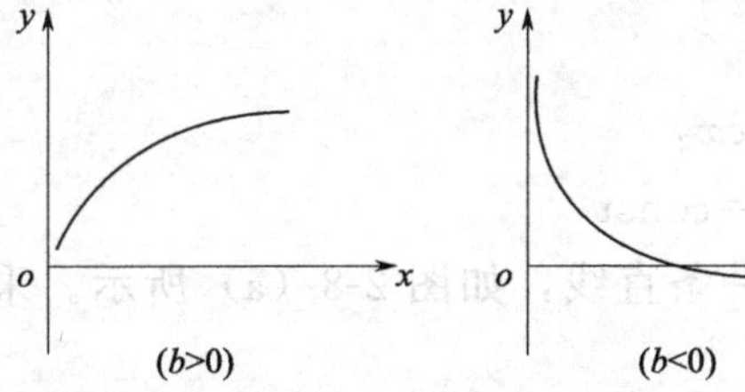	对数函数 $y=a+b\lg x$ 令 $Y=y, X=\lg x$，则得直线方程 $Y=a+bX$

a. 系数 b 的求法　系数 b 即为直线的斜率，如图 2-7 所示的 AB 线的斜率。在对数坐标上求取斜率的方法与直角坐标上的求法不同。因为在对数坐标上标度的数值是真数而不是对数，因此双对数坐标纸上直线的斜率需要用对数值来求算，或者在两坐标轴比例尺相同情况下直接用尺子在坐标纸上量取线段长度来求取。

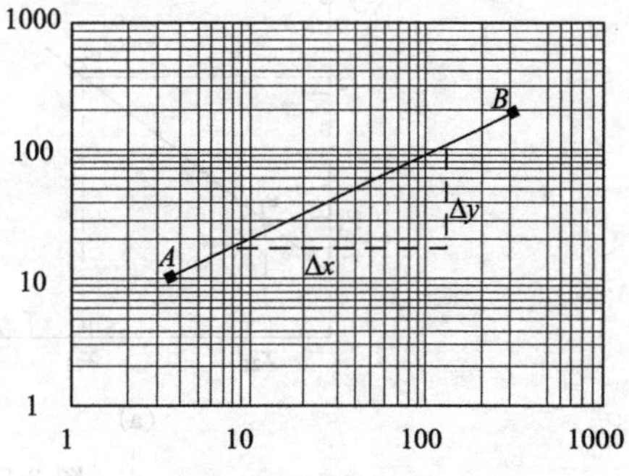

图 2-7　求取线段 AB 斜率的示意图

$$b=\frac{\Delta y}{\Delta x}=\frac{\lg y_2-\lg y_1}{\lg x_2-\lg x_1} \tag{2-36}$$

式中，Δy 与 Δx 的数值即为尺子测量而得的线段长度。

b. 系数 a 的求法　在双对数坐标上，直线 $x=1$ 处的纵坐标轴相交处的 y 值，即为方程 $y=ax^b$ 中的 a 值。若所绘的直线在图面上不能与 $x=1$ 处的纵坐标轴相交，则可在直线上任取一组数值 x 和 y（而不是取一组测定结果数据）和已求出的斜率 b，代入原方程 $y=ax^b$ 中，通过计算求得 a 值。

② 指数或对数函数的线性图解法　所研究的函数关系为指数函数 $y=a\mathrm{e}^{bx}$ 或对数函

数 $y=a+b\lg x$ 时，将实验数据标绘在单对数坐标纸上的图形是一直线。线性化方法见表 2-6 中的 3 和 6。

a. 系数 b 的求法　对 $y=a\mathrm{e}^{bx}$，线性化为 $Y=\lg a+kx$，式中 $k=b\lg \mathrm{e}$，其纵坐标轴为对数坐标，斜率为：

$$k=\frac{\lg y_2-\lg y_1}{x_2-x_1} \tag{2-37}$$

$$b=\frac{k}{\lg \mathrm{e}} \tag{2-38}$$

对 $y=a+b\lg x$，横坐标轴为对数坐标，斜率为：

$$b=\frac{y_2-y_1}{\lg x_2-\lg x_1} \tag{2-39}$$

b. 系数 a 的求法　系数 a 的求法与幂函数中所述方法基本相同，可用直线上任一点处的坐标值和已经求出的系数 b 代入函数关系式后求解。

③ 二元线性方程的图解　若实验研究中，所研究对象的物理量是一个因变量与两个自变量，它们必呈线性关系，则可采用以下函数式表示：

$$y=a+bx_1+cx_2 \tag{2-40}$$

在图解此类函数式时，应首先令其中一自变量恒定不变，例如，使 x_1 为常数，则式（2-40）可改写成：

$$y=d+cx_2 \tag{2-41}$$

式中，$$d=a+bx_1=\text{const}$$

由 y 与 x_2 的数据可在直角坐标中标绘出一条直线，如图 2-8（a）所示。采用图解法即可确定 x_2 的系数 c。

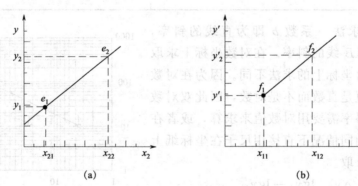

图 2-8　二元线性方程图解示意图

在图 2-8（a）中直线上任取两点 e_1（x_{21}，y_1）、e_2（x_{22}，y_2），则有：

$$c=\frac{y_2-y_1}{x_{22}-x_{21}} \tag{2-42}$$

当 c 求得后，将其代入式（2-40）中，并将式（2-40）重新改写成以下形式：

$$y-cx_2=a+bx_1 \tag{2-43}$$

令 $y'=y-cx_2$ 可得一新的线性方程：

$$y'=a+bx_1 \tag{2-44}$$

由实验数据 y、x_2 和 c 计算得 y'，由 y'与 x_1 在图 2-8（b）中标绘其直线，并在该直线上任取 $f_1(x_{11},\ y'_1)$ 及 $f_2(x_{12},\ y'_2)$ 两点。由 f_1、f_2 两点即可确定 a、b 两个常数。

$$b=\frac{y'_2-y'_1}{x_{12}-x_{11}} \tag{2-45}$$

$$a=\frac{y'_1x_{12}-y'_2x_{11}}{x_{12}-x_{11}} \tag{2-46}$$

应该指出的是，在确定 b、a 时，其自变量 x_1、x_2 应同时改变，才能使其结果覆盖整个实验范围。

薛伍德（Sherwood）利用七种不同流体对流过圆形直管的强制对流传热进行研究，并取得大量数据，采用幂函数形式进行处理，其函数形式为：

$$Nu=BRe^mPr^n \tag{2-47}$$

式中，Nu 随 Re 及 Pr 而变化。将上式两边同时取对数，采用变量代换，使之化为二元线性方程形式：

$$\lg Nu=\lg B+m\lg Re+n\lg Pr \tag{2-48}$$

令 $y=\lg Nu$；$x_1=\lg Re$；$x_2=\lg Pr$；$a=\lg B$，式（2-48）即可表示为二元线性方程式：

$$y=a+mx_1+nx_2 \tag{2-49}$$

现将式（2-48）改写为以下形式，确定常数 n（固定变量 Re 值，使 Re＝const，自变量减少一个）。

$$\lg Nu=(\lg B+m\lg Re)+n\lg Pr \tag{2-50}$$

薛伍德固定 $Re=10^4$，七种不同流体的实验数据在双对数坐标纸上标绘 Nu 和 Pr 之间的关系如图 2-9（a）所示。实验表明，不同 Pr 数的实验结果，基本上是一条直线，用这条直线决定 Pr 准数的指数 n（$n=4$），然后在不同 Pr 数及不同 Re 数下实验，按式（2-51）图解法求解：

$$\lg(Nu/Pr^n)=\lg B+m\lg Re \tag{2-51}$$

以 Nu/Pr^n 对 Re 数，在双对数坐标纸上作图，标绘出一条直线，如图 2-9（b）所示。由这条直线的斜率和截距决定 B 和 m 值。这样，经验公式中的所有待定常数 B、m 和 n 均被确定。

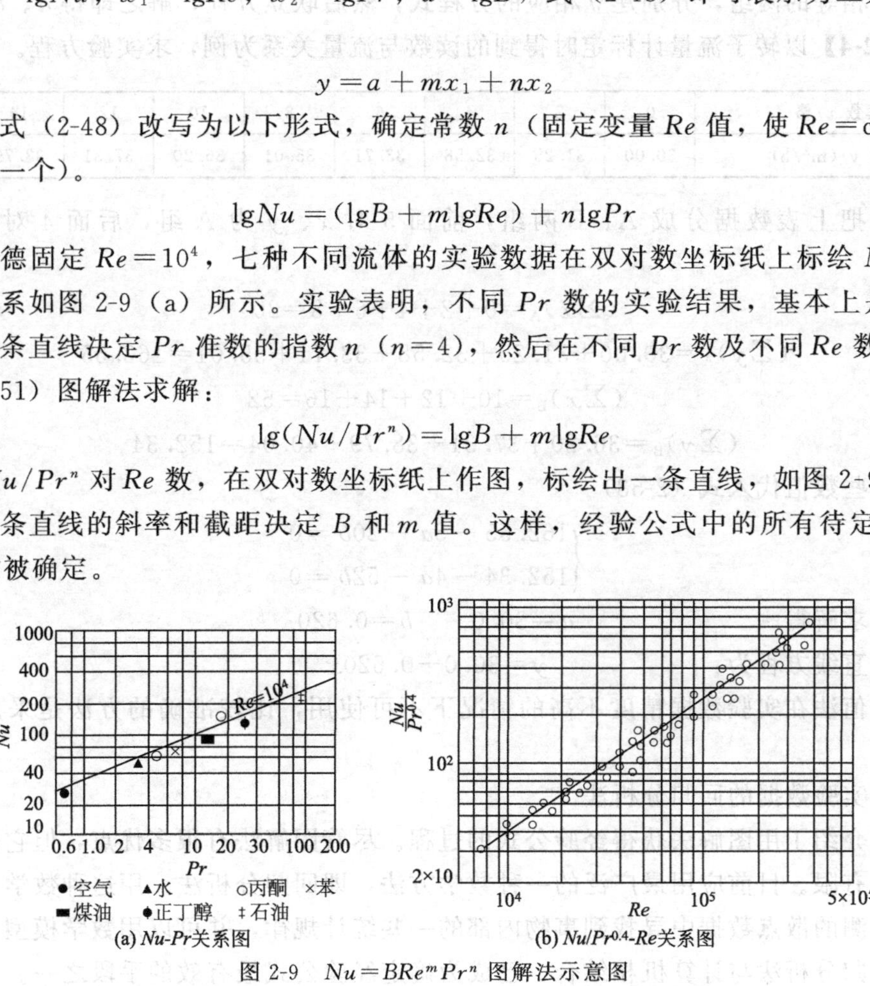

(a) Nu-Pr关系图　(b) $Nu/Pr^{0.4}$-Re关系图

图 2-9　$Nu=BRe^mPr^n$ 图解法示意图

(3) 联立方程法求公式中的常数（对直线化方法而言）

此法又称“平均值法”，仅适用于实验数据精度很高的条件下，即实验点与理想曲线偏离较小，否则所得函数将毫无意义。

平均值法定义为：选择能使其同各测定值的偏差的代数和为零的那条曲线为理想曲线。具体步骤如下。

① 选择适宜的经验公式：$y=f(x)$。

② 建立求待定常数和系数的方程组。

现假定画出的理想曲线为直线，其方程为 $y=a+bx$，设测定值为 x_i、y_i，将 x_i 代入上式，所得的 y 值为 y'_i，即 $y'_i=a+bx_i$，而 $y_i=a+bx_i$，所以应该是 $y'_i=y_i$。然而，一般由于测量误差，实测点偏离直线，使 $y'_i\neq y_i$。若设 y_i 和 y'_i 的偏差为 Δ_i，则

$$\Delta_i=y_i-y'_i=y_i-(a+bx_i) \tag{2-52}$$

最好能引一使这个偏差值的总和为零的直线，设测定值的个数为 N，由式（2-53）定出 a、b，则以 a、b 为常数和系数的直线即为所求的理想直线。

$$\sum\Delta_i=\sum y_i-Na-b\sum x_i=0 \tag{2-53}$$

由于式（2-53）含有两个未知数 a 和 b，所以需将测定值按实验数据的次序分成相等或近似相等的两组，分别建立相应的方程式，然后联立方程，解之即得 a、b。

【例 2-4】 以转子流量计标定时得到的读数与流量关系为例，求实验方程。

读数 x/格	0	2	4	6	8	10	12	14	16
流量 y/(m^3/h)	30.00	31.25	32.58	33.71	35.01	36.20	37.31	38.79	40.04

解 把上表数据分成 A、B 两组，前面 5 对 x、y 为 A 组，后面 4 对 x、y 为 B 组。

$$(\sum x)_A=0+2+4+6+8=20$$

$$(\sum y)_A=30.00+31.25+32.58+33.71+35.01=162.55$$

$$(\sum x)_B=10+12+14+16=52$$

$$(\sum y)_B=36.20+37.31+38.79+40.04=152.34$$

把这些数值代入式（2-53）

$$\begin{cases}162.55-5a-20b=0\\152.34-4a-52b=0\end{cases}$$

联立求解得 $a=30.0$ $b=0.620$

所求直线方程为： $y=30.0+0.620x$

平均值法在实验数据精度不高的情况下不可使用，比较准确的方法是采用最小二乘法。

(4) 实验数据的回归分析法

前面介绍了用图解法获得经验公式的过程。尽管图解法有很多优点，但它的应用范围毕竟很有限。目前应用最广泛的一种数学方法，即回归分析法。用这种数学方法可以从大量观测的散点数据中寻找到事物内部的一些统计规律，并可以用数学模型形式表达出来。回归分析法与计算机相结合，已成为确定经验公式最有效的手段之一。

回归也称拟合。对具有相关关系的两个变量，若用一条直线描述，则称一元线性回归，用一条曲线描述，则称一元非线性回归。对具有相关关系的三个变量，其中一个因变量、两个自变量，若用平面描述，则称二元线性回归，用曲面描述，则称二元非线性回归。依次类推，可以延伸到 n 维空间进行回归，则称多元线性回归或多元非线性回归。处理实验问题时，往往将非线性问题转化为线性问题来处理。建立线性回归方程的最有效方法为线性最小二乘法，以下主要讨论用最小二乘法回归一元线性方程。

① 一元线性回归方程的求法　在科学实验的数据统计方法中，通常要从获得的实验数据（x_i，y_i，$i=1$，2，…，n）中，寻找其自变量 x_i 与因变量 y_i 之间的函数关系 $y=f(x)$。由于实验测定数据一般都存在误差，因此，不能要求所有的实验点均在 $y=f(x)$所表示的曲线上，只需满足实验点（x_i，y_i）与 $f(x_i)$ 的残差 $d_i=y_i-f(x_i)$小于给定的误差即可。此类寻求实验数据关系近似函数表达式 $y=f(x)$ 的问题称为曲线拟合。

曲线拟合首先应针对实验数据的特点，选择适宜的函数形式，确定拟合时的目标函数。例如，在取得两个变量的实验数据之后，若在普通直角坐标纸上标出各个数据点，如果各点的分布近似于一条直线，则可考虑采用线性回归求其表达式。

设给定 n 个实验点（x_1，y_1），（x_2，y_2），…，（x_n，y_n），其离散点图如图 2-10 所示。于是可以利用一条直线来代表它们之间的关系

$$y'=a+bx \tag{2-54}$$

式中　y'——由回归式算出的值，称回归值；

a，b——回归系数。

每一测量值 x_i 可由式（2-54）求出一回归值 y'。回归值 y'与实测值 y_i 之差的绝对值 $d_i=|y_i-y'_i|=|y_i-(a+bx_i)|$表明 y_i 与回归直线的偏离程度。两者偏离程度越小，说明直线与实验数据点拟合越好。$|y_i-y'_i|$值代表点（x_1，y_1），沿平行于 y 轴方向到回归直线的距离，如图 2-11 上各竖直线 d_i 所示。

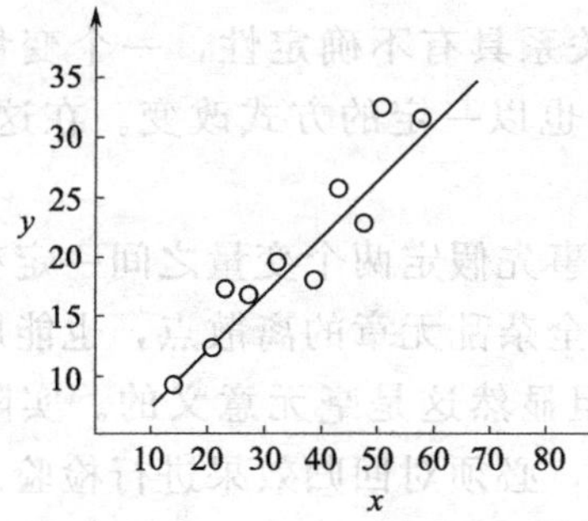

图 2-10　一元线性回归示意图

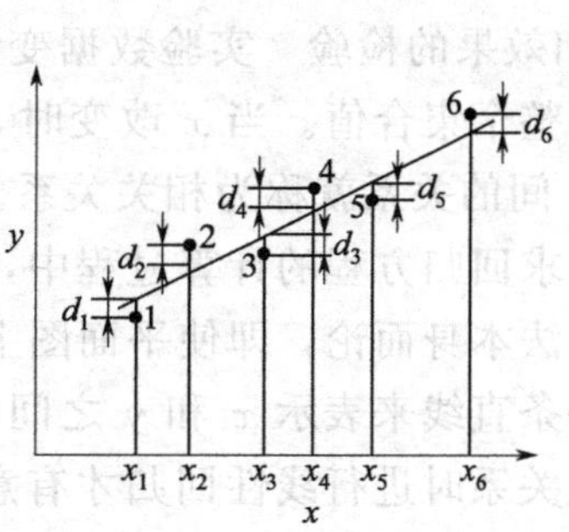

图 2-11　实验曲线示意图

曲线拟合时应确定拟合时的目标函数。选择残差平方和为目标函数的处理方法即为最小二乘法。此法是寻求实验数据近似函数表达式的更为严格有效的方法。定义为：最理想的曲线就是能使各点同曲线的残差平方和为最小。

设残差平方和 Q 为：

$$Q=\sum_{i=1}^{n} d_i^2=\sum_{i=1}^{n}[y_i-(a+bx_i)]^2 \tag{2-55}$$

其中 x_i、y_i 是已知值，故 Q 为 a 和 b 的函数，为使 Q 值达到最小，根据数学上的极值原理，只要将式（2-55）分别对 a 和 b 求偏导数 $\frac{\partial Q}{\partial a}$、$\frac{\partial Q}{\partial b}$，并令其等于零即可求得 a 和 b 之值，这就是最小二乘法原理。即

$$\begin{cases}\dfrac{\partial Q}{\partial a}=-2\sum\limits_{i=1}^{n}(y_i-a-bx_i)=0\\[2ex]\dfrac{\partial Q}{\partial b}=-2\sum\limits_{i=1}^{n}(y_i-a-bx_i)x_i=0\end{cases} \tag{2-56}$$

由式（2-56）可得正规方程：

$$\begin{cases}a+\overline{x}b=\overline{y}\\ n\overline{x}a+(\sum\limits_{i=1}^{n}x_i^2)b=\sum\limits_{i=1}^{n}x_iy_i\end{cases} \tag{2-57}$$

式中，$\overline{x}=\frac{1}{n}\sum\limits_{i=1}^{n}x_i$；$\overline{y}=\frac{1}{n}\sum\limits_{i=1}^{n}y_i$ (2-58)

解正规方程（2-57），可得到回归式中的 a（截距）和 b（斜率）

$$b=\frac{\sum x_iy_i-n\overline{x}\overline{y}}{\sum x_i^2-n(\overline{x})^2} \tag{2-59}$$

$$a=\overline{y}-b\overline{x} \tag{2-60}$$

【例 2-5】 仍以转子流量计标定时得到的读数与流量关系为例，用最小二乘法求实验方程。

解 $\sum(x_iy_i)=2668.58$ $\overline{x}=8$ $\overline{y}=34.9878$ $\sum x_i^2=816$

$$b=\frac{\sum x_iy_i-n\overline{x}\overline{y}}{\sum x_i^2-n(\overline{x})^2}=\frac{2668.58-9\times 8\times 34.9878}{816-9\times 8^2}=0.623$$

$$a=\overline{y}-b\overline{x}=34.9878-0.623\times 8=30.0$$

因此，回归方程为：$y=30.0+0.623x$

② 回归效果的检验　实验数据变量之间的关系具有不确定性，一个变量的每一个值对应的是整个集合值。当 x 改变时，y 的分布也以一定的方式改变。在这种情况下，变量 x 和 y 间的关系就称为相关关系。

在以上求回归方程的计算过程中，并不需要事先假定两个变量之间一定有某种相关关系。就方法本身而论，即使平面图上是一群完全杂乱无章的离散点，也能用最小二乘法给其配一条直线来表示 x 和 y 之间的关系。但显然这是毫无意义的。实际上只有两变量是线性关系时进行线性回归才有意义。因此，必须对回归效果进行检验。

a. 相关系数　可引入相关系数 r 对回归效果进行检验，相关系数 r 是说明两个变量线性关系密切程度的一个数量性指标。

若回归所得线性方程为：$y'=a+bx$

则相关系数 r 的计算式为（推导过程略）：

$$r=\frac{\sum(x_i-\overline{x})(y_i-\overline{y})}{\sqrt{\sum(x_i-\overline{x})^2\sum(y_i-\overline{y})^2}} \tag{2-61}$$

r 的变化范围为 $-1 \leqslant r \leqslant 1$，其正、负号取决于 $\sum(x_i-\overline{x})(y_i-\overline{y})$，与回归直线方程的斜率 b 一致。r 的几何意义可用图 2-12 来说明。

当 $r=\pm 1$ 时，即 n 组实验值 (x_i, y_i)，全部落在直线 $y=a+bx$ 上，此时称完全相关，如图 2-12 (d) 和 (e) 所示。

当 $0<|r|<1$ 时，代表绝大多数的情况，这时 x 与 y 存在着一定线性关系。当 $r>0$时，散点图的分布是 y 随 x 增加而增加，此时称 x 与 y 正相关，如图 2-12 (b) 所示。当 $r<0$ 时，散点图的分布是 y 随 x 增加而减少，此时称 x 与 y 负相关，如图 2-12 (c) 所示。$|r|$ 越小，散点离回归线越远，越分散。当 $|r|$ 越接近 1 时，即 n 组实验值 (x_i, y_i) 越靠近 $y=a+bx$，变量与 x 之间的关系越接近于线性关系。

当 $r=0$ 时，变量之间就完全没有线性关系了，如图 2-12 (a) 所示。应该指出，没有线性关系，并不等于不存在其他函数关系，如图 2-12 (f) 所示。

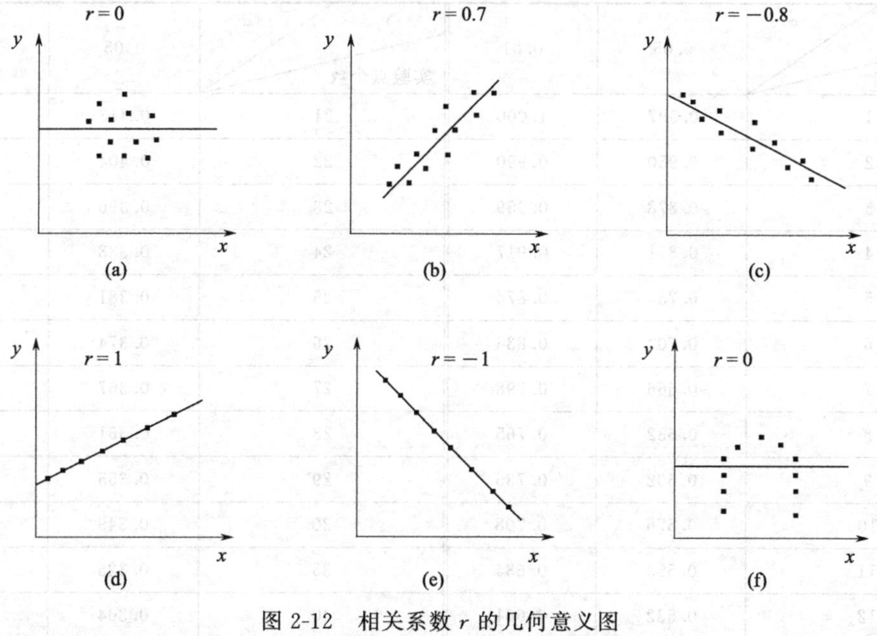

图 2-12 相关系数 r 的几何意义图

b. 显著性检验 如上所述，相关系数 r 的绝对值越接近 1，x、y 间越线性相关。但究竟 $|r|$ 接近到什么程度才能说明 x 与 y 之间存在线性相关关系呢？这就有必要对相关系数进行显著性检验。只有当 $|r|$ 达到一定程度才可以采用回归直线来近似地表示 x、y 之间的关系，此时可以说明相关关系显著。一般来说，相关系数 r 达到使相关显著的值与实验数据的个数 n 有关。因此只有 $|r|>r_{\min}$时，才能采用线性回归方程来描述其变量之间的关系。$r_{\min}$值可以从表 2-7 中查出。利用该表可根据实验点个数 n 及显著水平系数 α 查出相应的 $r_{\min}$。显著水平系数 α 一般可取 1% 或 5%。在转子流量计标定一例中，$n=9$ 则 $n-2=7$，查表 2-7 得：

$\alpha=0.01$ 时，$r_{\min}=0.798$；$\alpha=0.05$ 时，$r_{\min}=0.666$。

若实际的 $|r| \geqslant 0.798$，则说明该线性相关关系在 $\alpha=0.01$ 水平上显著。当 $0.789 \geqslant |r| \geqslant 0.666$ 时，则说明该线性相关关系在 $\alpha=0.05$ 水平上显著。当实验的 $|r| \leqslant$

0.666，则说明相关关系不显著，此时认为 x、y 线性不相关，配回归直线毫无意义。α 越小，显著程度越高。

【例 2-6】求转子流量计标定实验的实际相关系数 r。

解 $\overline{x}=8$ $\overline{y}=34.9878$

$\sum(x_i-\overline{x})(y_i-\overline{y})=149.46$

$\sum(x_i-\overline{x})^2=240$

$\sum(y_i-\overline{y})^2=93.12$

$$r=\frac{\sum(x_i-\overline{x})(y_i-\overline{y})}{\sqrt{\sum(x_i-\overline{x})^2\sum(y_i-\overline{y})^2}}=\frac{149.46}{\sqrt{240\times93.12}}=0.99976\geqslant0.798$$

说明此例的相关系数在 $\alpha=0.01$ 的水平仍然是高度显著的。

表 2-7 相关系数检验表

实验点个数 \ $r_{\min}$ α	0.05	0.01	实验点个数 \ $r_{\min}$ α	0.05	0.01
1	0.997	1.000	21	0.413	0.526
2	0.950	0.990	22	0.404	0.515
3	0.878	0.959	23	0.396	0.505
4	0.811	0.917	24	0.388	0.496
5	0.754	0.874	25	0.381	0.487
6	0.707	0.834	26	0.374	0.478
7	0.666	0.798	27	0.367	0.470
8	0.632	0.765	28	0.361	0.463
9	0.602	0.735	29	0.355	0.456
10	0.576	0.708	30	0.349	0.449
11	0.553	0.684	35	0.325	0.418
12	0.532	0.661	40	0.304	0.393
13	0.514	0.641	45	0.288	0.272
14	0.497	0.623	50	0.273	0.354
15	0.482	0.606	60	0.250	0.325
16	0.468	0.590	70	0.232	0.302
17	0.456	0.575	80	0.217	0.283
18	0.444	0.561	90	0.205	0.267
19	0.433	0.549	100	0.195	0.254
20	0.423	0.537	200	0.138	0.181

第3章 化工原理基础实验

实验1 流体流动阻力的测定

一、实验内容

1. 测定既定管路内流体流动摩擦阻力和直管摩擦系数 λ。

2. 测定既定管路内流体流动的直管摩擦系数 λ 与雷诺数 Re 之间的关系曲线和关系式。

二、实验目的

1. 学习直管摩擦阻力压力降 Δp_f、直管摩擦系数 λ 的测定方法。

2. 掌握不同流量下摩擦系数与雷诺数之间的关系及其变化规律。

3. 学习压差计测量压差、流量计测量流量的方法。

三、实验原理

1. 直管摩擦系数 λ 的测定

直管的摩擦阻力系数是雷诺数和相对粗糙度的函数，即 $\lambda = f(Re, \varepsilon/d)$，对一定的相对粗糙度而言，$\lambda = f(Re)$。

流体在一定长度等直径的水平圆管内流动时，其管路阻力引起的能量损失为：

$$h_f = \frac{p_1 - p_2}{\rho} = \frac{\Delta p_f}{\rho} \tag{3-1}$$

又因为摩擦阻力系数与阻力损失之间有如下关系（范宁公式）

$$h_f = \frac{\Delta p_f}{\rho} = \lambda \frac{l}{d} \times \frac{u^2}{2} \tag{3-2}$$

整理式（3-1）、式（3-2）两式得

$$\lambda = \frac{2d}{\rho l} \times \frac{\Delta p_f}{u^2} \tag{3-3}$$

$$Re = \frac{du\rho}{\mu} \tag{3-4}$$

式中 d——管径，m；

Δp_f——直管阻力引起的压力降，Pa；

l——管长，m；

u——流速，m/s；

ρ——流体的密度，kg/m³；

μ——流体的黏度，Pa·s。

在实验装置中，直管段管长 l 和管径 d 都已固定。若水温一定，则水的密度 ρ 和黏度 μ 也是定值。所以本实验实质上是测定直管段流体阻力引起的压力降 Δp_f 与流速 u（流量 V）之间的关系。

根据实验数据和式（3-3）可计算出不同流速下的直管摩擦系数 λ，用式（3-4）计算对应的 Re，整理出直管摩擦系数和雷诺数的关系，绘出 λ 与 Re 的关系曲线。

本实验利用水做实验，在管长、管径和管壁粗糙度一定的条件下，改变水的流量，测定直管阻力，即流体压力降 $\Delta p_f = p_1 - p_2$，然后分别计算 λ 和 Re 值，考察两者的关系。

2. 局部阻力系数 ξ 的测定

流体在管路中流过管件如阀门、弯头、三通、突然扩大或突然收缩等处时，产生涡流形成阻力，习惯称为局部阻力。其计算式为

$$\Delta p_f = \xi \frac{\rho u^2}{2} \tag{3-5}$$

式中，ξ 称为局部阻力系数，无量纲。它与管件的几何形状与 Re 有关。当 Re 大到一定时，ξ 与 Re 无关，成为定值。管件的局部阻力系数 ξ 也都是由实验测定的。

四、实验装置

实验装置如图 3-1 所示。

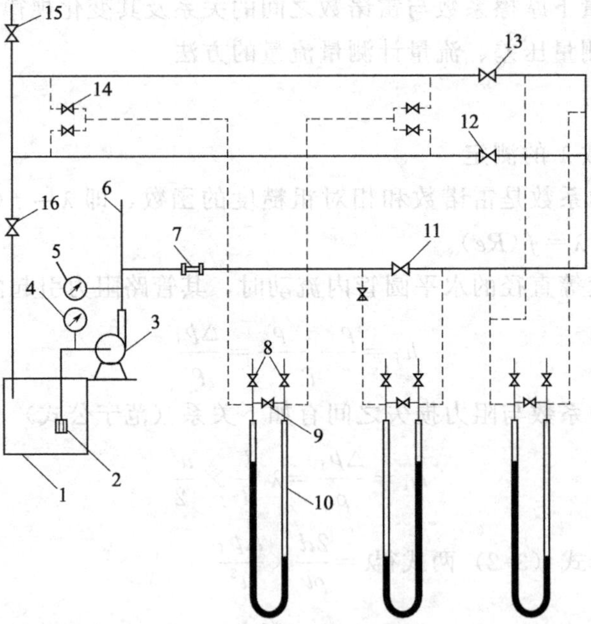

图 3-1　流体阻力实验装置示意图

1—水槽；2—底阀；3—离心泵；4—真空泵；5—压力表；6—温度计；7—涡轮流量计；8—排气阀；9—平衡阀；10—U 形管压差计；11—闸阀（球阀）；12，13—控制阀；14—引压阀；15—总管排气阀；16—出口阀

五、实验要求

1. 根据实验内容的要求和流程，拟订实验步骤。
2. 根据流量范围和流动类型划分，大致确定实验点的分布。
3. 经指导教师同意后，可以开始按拟订步骤进行实验操作。先排气，再测定数据。

4. 在获取必要数据后，经指导教师检查同意后可停止操作。将装置恢复到实验前的状态，做好清洁工作。

六、实验步骤

1. 熟悉实验装置及流程。观察U形压差计（倒U形压差计）与实验管道和管件上测压接头的连接及位置。弄清楚排气及平衡旋塞的作用和使用方法。

2. 检查实验管路上的各阀门是否处于正确状况。检查U形管压差计上的平衡阀及相应的测压阀是否打开，若未打开，则将其打开。检查排气旋塞是否关闭和管路出口阀是否关闭，若未关闭，则将其关闭。

3. 根据离心泵的安装位置判断是否需要灌泵，若需引水灌泵，则打开引水阀和泵体放气阀，观察到有水从泵体放气阀溢出，表示气体被排尽，关闭放气阀和引水阀。启动水泵（注意在泵出口阀关阀的情况下，泵转动不可过久，以防其发热损坏）。

4. 系统排气

慢慢打开出口阀，让水流入实验管道和测压导管，排出管道和测压导管中的气体。排气时可以反复调节泵的出口阀和有关管道上的其他阀门，使积存在系统中的气体全部被流动的水带出。

(1) 总管排气。先将控制阀开足然后再关闭，重复三次，目的是使总管中的大部分气体被排走；然后打开总管排气阀，开足后再关闭，重复三次。

(2) 引压管排气。依次分别对每个放气阀，开、关重复三次。

(3) U形压差计排气。关闭平衡阀，依次分别打开两个放气阀，此时眼睛要注视着U形压差计中的指示剂液面的上升，防止指示剂冲出，开、关重复三次。

(4) 检验排气是否彻底。将控制阀开至最大，再关至为零，看U形压差计读数，若左右读数相等，则判断系统排气彻底；若左右读数不等，则重复上述(2)、(3)步骤。

5. 确认系统中的气体被排净后，关闭平衡阀，准备测取数据。

6. 实验数据测定

用管路出口阀调节流量，注意阀门的开度，在最大流量范围内合理分割流量，进行实验布点。测量完成后，打开各测压计的平衡阀。

7. 改测另一条管路

打开第二条管路上相应的阀门及测压阀，关闭第一条管路上相应的阀门及测压阀。

8. 实验结束后，关闭泵的出口阀，停泵。请指导教师检查实验数据，通过后停止实验，将装置恢复到实验前的状态，做好清洁工作。

七、注意事项

1. 在排气和使用时要特别注意开关顺序，若操作失误，可能发生水银泄漏的事故。

2. 实验开始与结束后，都应关闭泵的出口阀，检查各压差计两管读数是否相等，若不相等是因为排气过程气泡没排净或实验过程有气泡进入测量系统。

3. 实验时需选择管路实验顺序，并开关相应的阀门。

4. 装置一直管测量段管长都为2m；装置二 ϕ14mm×2mm 直管的测量段管长为1.1m，ϕ20mm×2 mm 直管的测量段管长为1.5m。

5. 数据测定时，层流由于流量范围较小，只要取三组数据；湍流一般应取8～10

组数据。

6. 要注意分清各压差计的连接位置和压差计所用的指示液，不能混淆；数据记录时要注意有效数字和单位。

7. 注意两直管管路包括引压管都要排气。

8. 由于系统的流量采用涡轮流量计计量，其小流量受到结构的限制，因此，从大流量做起实验数据比较准确。

9. 改变流量后须等流量稳定后再测量数据。

10. 对于涡轮流量计，若发现流量显示仪读数达不到零，可采用将调节阀开至最大，再快速关闭调节阀，流量显示仪读数将为零，可能此读数不久还会上升，仍为正常现象，上升的数据不采集，以零计。此时其余的仪表读数不随显示仪读数而变。

八、实验报告要求

1. 将实验数据和数据整理结果列在数据表格中，并以其中一组数据为例写出计算过程。

2. 在合适的坐标系中标绘光滑直管和粗糙直管 λ-Re 关系曲线。

3. 根据所标绘的曲线，按经验式关联，并与层流理论公式和湍流柏拉修斯公式比较。

九、思考题

1. 本实验要求得到哪些实验结果？为得到这些结果，要知道哪些物理量？直接测定哪些物理数据？用什么仪表？

2. U 形压差计的平衡旋塞和排气旋塞起什么作用？怎样使用？在什么情况下会使水银泄漏？如何防止？

3. 如何检验测试系统内的空气已经排除干净？

4. U 形压差计的零位应如何校正？

5. 倒 U 形压差计读数与压差之间的换算式与 U 形压差计有什么不同？倒 U 形压差计一般适用于什么场合？

实验 2　离心泵特性曲线的测定

一、实验内容

1. 熟悉离心泵的结构与操作。

2. 测定某型号离心泵在一定转速下，Q（流量）与 H（扬程）、η（效率）之间的特性曲线。

二、实验目的

1. 了解离心泵的结构与操作方法，了解常用的测压仪表。

2. 掌握离心泵特性曲线的测定方法、表示方法，加深对离心泵性能的了解。

三、实验原理

泵是输送液体的设备，在选用泵时，一般是根据生产要求的扬程和流量，参照泵的性能来决定的。对一定类型的泵来说，泵的性能主要是指一定转速下泵的流量、压头（扬程）、轴功率和效率等。泵的特性曲线主要是指在一定转速下泵的扬程、功率和效率与流量之间的关系，即扬程和流量的关系曲线（H_e-Q 曲线）、轴功率和流量的关系曲线（$N_{轴}$-Q 曲线）、效率和流量的关系曲线（η-Q 曲线）。由于离心泵的结构和流体本身的非理想性以及流体在流动过程中的种种阻力损失，至今为止，还没有人能推导出计算扬程的纯理论数学方程式。因此，本实验采用最基本的直接测定法，对泵的特性曲线用实验测得。

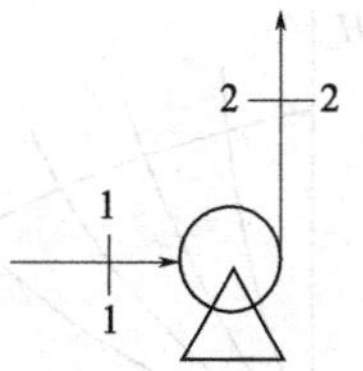

图 3-2　泵结构示意图

1. 泵的扬程 H_e

见图 3-2，对泵的进出口取 1—1 截面与 2—2 截面，建立机械能衡算式：

$$\frac{p_1}{\rho g}+h_1+\frac{u_1^2}{2g}+H_e=\frac{p_2}{\rho g}+h_2+\frac{u_2^2}{2g} \tag{3-6}$$

$$H_e=\frac{p_2}{\rho g}-\frac{p_1}{\rho g}+h_2-h_1+\frac{u_2^2}{2g}-\frac{u_1^2}{2g} \tag{3-7}$$

$$H_e=\frac{p_2}{\rho g}-\frac{p_1}{\rho g}+h_0+\frac{u_2^2-u_1^2}{2g} \tag{3-8}$$

式中　h_0——两测压截面的垂直距离，m；

p_1——泵入口处的压力，Pa；

p_2——泵出口处的压力，Pa；

u_1，u_2——进、出口管中液体的流速，m/s。

2. 泵的轴功率 $N_{轴}$ 的测定

由电机输入离心泵的功率称为泵的轴功率。本实验不是直接测量泵的轴功率，而是利用功率表测量电机的输入功，再由式（3-9）计算轴功率：

$$N_{轴}=N_{电机}\eta_{电机}\eta_{传动} \tag{3-9}$$

式中　$N_{电机}$——电动机的输入功率，W［本实验是利用功率表测量一相的电机的输入功率，则电机的输入功率 $N_{电机}$：$N_{电机}$＝相数×仪表系数×表头读数（注：装置一电机的相数为 3，仪表系数为 1；装置二电机的相数为 1，仪表系数为 10）］；

$\eta_{电机}$——电机的效率，由电机效率曲线求得，装置二电机的效率为 0.6；

$\eta_{传动}$——传动装置的传动效率，由于泵是由电机直接带动，传动效率可视为 1。

3. 离心泵效率的计算

$$\eta=\frac{N_e}{N_{轴}} \tag{3-10}$$

其中 $N_e=H_eQ\rho g$　　或　　$N_e=\dfrac{H_eQ\rho}{102}$

从方程式（3-7）可见，实验方法是：在实验装置中泵的进出口管上分别装有真空表 p_1 和压力表 p_2；由温度计测量流体温度，从而确定流体的密度 ρ；由功率表计量电机输入功率；管路中需安装流量计，确定流体的流速 u；欲改变 u 需阀门控制。除以上仪表外，配上管件、水槽等部件组合成循环管路。实验操作原理是：按照管路特性曲线和泵特性曲线的交点作为泵的工作点这一原理，改变管路阻力可以通过调节阀门开度来实现，使管路特性曲线上的工作点发生移动，再将一系列移动的工作点的轨迹连接起

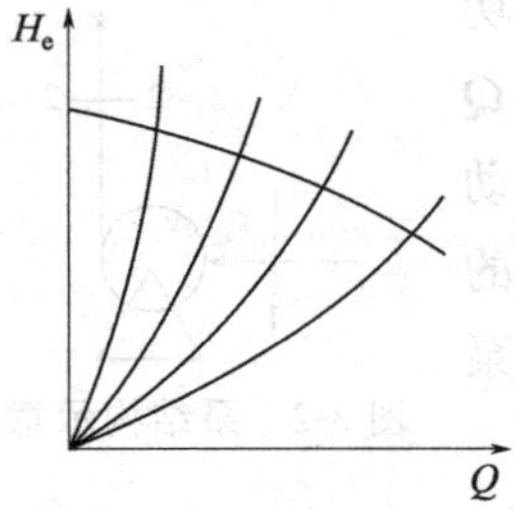

图 3-3　离心泵的工作原理

来，就是泵的扬程曲线，见图 3-3。

四、实验装置

实验装置如图 3-4 所示，离心泵由电机驱动，泵从水槽中吸入水，然后由压出管排至水槽，循环使用。在吸入管进口处装有滤水器，以免污物进入水泵，滤水器上带有单向阀，以便在启动前使泵内灌满水。在泵的吸入口和压出口处，分别装有真空表和压力表，以测量泵的进出口的压力。泵的出口管道上装有转子流量计，用以计量水的流量，此外还装有阀门，用以调节水的流量。用单相功率表测量电动机的单相的输入功率。

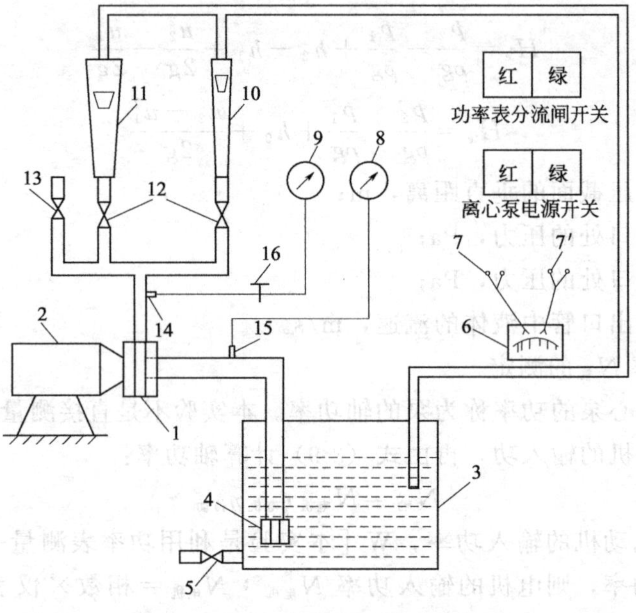

图 3-4　离心泵性能实验装置流程图

1—离心泵；2—电动机；3—水槽；4—底阀；5—放水口；6—功率表；7—功率表电压线圈接线柱；7′—功率表电流线圈接线柱；8—真空表；9—压力表；10—小转子流量计；11—大转子流量计；12—流量调节阀；13—引水灌泵阀；14—泵出口压力测试点；15—泵入口真空表测试点；16—泵出口导管上的夹子

五、实验要求

1. 根据实验内容的要求和流程，拟订实验步骤。

2. 根据流量范围，大致确定实验点的分布。

3. 经指导教师同意后，可以开始按拟订步骤进行实验操作。

4. 获取必要数据后，经指导教师检查同意后方可停止操作。将装置恢复到实验前的状态，做好清洁工作。

六、实验步骤

1. 了解设备，熟悉实验流程及所用仪表。

2. 根据离心泵的安装位置判断是否需要灌泵。

3. 关闭流量调节阀，启动泵。

4. 用出口阀调节流量，在最大流量范围内合理分割流量，进行实验布点。

5. 实验结束后，关闭泵的出口阀，停泵。请指导教师检查实验数据，通过后停止实验，将装置恢复到实验前的状态，做好清洁工作。

七、注意事项

1. 启动泵前必须关闭出口阀。

2. 调节流量时开关阀门动作要缓慢，避免流量剧烈波动。

3. 改变流量后须等系统稳定后再测量数据。

4. 装置二功率表的电压线圈和电流线圈分别与面板功率表上对应的电压、电流接线柱相连接，电压选择330V挡，电流选择25A挡，注意不要接错或接反，以免损坏仪表。

5. 在启动泵之前，先接通功率表分流闸即按下绿色开关，夹紧泵出口测压引压管夹子。功率表分流闸开关是为了保护功率表而设置的，测量读数时请按下红色按钮，即电路关闭不进行分流，在启动泵或不读数时按下绿色开关，即电路接通进行分流，此时功率表指示值减小。

6. 装置二大流量用大转子流量计计量，小流量用小转子流量计计量，实验过程中应注意大小流量计的使用和切换，待系统内没有气泡存在且流量稳定后打开夹子，然后切断功率表分流闸。

7. 若流量显示仪读数达不到零，可采用将调节阀开至最大，再快速关闭调节阀，流量显示仪读数将为零，可能此读数不久还会上升，仍为正常现象，上升的数据不采集，以零计。此时其余的仪表读数不随显示仪读数而变。

8. 实验布点服从大流量多布点，小流量少布点规则。原因是：离心泵效率极值点会出现在大流量区域。实验时流量从大到小或从小到大，测取12组数据以上。

9. 建议装置一前五组数据按流量显示仪读数每下降约50布一个实验点，以后实验数据布点约下降100～200，实验顺序从大到小。

10. 实验结束后须测离心泵进出口两截面中心点间的距离。

八、实验报告要求

1. 将实验数据及计算结果整理列表，并以其中一组数据计算举例。

2. 在直角坐标纸上标绘离心泵在特定转速下的特性曲线 H_1-Q_1、$N_{轴}$-Q_1、$\eta_{泵}$-Q_1。

3. 讨论实验现象和结果。

九、思考题

1. 离心泵启动前为什么要先灌水排气？本实验装置中的离心泵在安装上有何特点？

2. 启动泵前为什么要先关闭出口阀，待启动后，再逐渐开大？而停泵时，也要先关闭出口阀？

3. 离心泵的特性曲线是否与连接的管路系统有关？

4. 离心泵的流量增大时，压力表与真空表的数值将如何变化？为什么？

5. 离心泵的流量可通过泵的出口阀调节，为什么？

6. 什么情况下会出现“汽蚀”现象？

7. 离心泵在其进口管上安装调节阀门是否合理？为什么？

实验3 恒压过滤实验

Ⅰ. 真空过虑

一、实验内容

测定恒定压力下，过滤方程式中的常数 K、q_e 及物料特性常数 k 和滤饼的压缩性指数 s 或比阻 r_0。

二、实验目的

1. 掌握过滤的操作及调节方法。

2. 掌握恒压过滤常数 K、q_e 的测定方法，加深对 K、q_e 的概念和影响因素的理解。

3. 学习滤饼的压缩性指数 s 和物料特性常数 k 的测定方法。

三、实验原理

过滤是利用过滤介质进行液-固系统的分离过程，过滤介质通常采用带有许多毛细孔的物质如帆布、毛毯、多孔陶瓷等。含有固体颗粒的悬浮液在一定压力作用下，液体通过过滤介质，固体颗粒被截留，从而使液固两相分离。

在过滤过程中，由于固体颗粒不断地被截留在介质表面上，滤饼厚度逐渐增加，使得液体流过固体颗粒之间的孔道加长，增加了流体流动阻力。故恒压过滤时，过滤速率是逐渐下降的。随着过滤的进行，若想得到相同的滤液量，则过滤时间要增加。

恒压过滤方程：

$$q^2+2qq_e=K\theta \tag{3-11}$$

式中 q——单位过滤面积获得的滤液体积，m^3/m^2；

q_e——单位过滤面积上的虚拟滤液体积，m^3/m^2；

θ——实际过滤时间，s；

K——过滤常数，m^2/s。

将式（3-11）进行微分可得：$\dfrac{d\theta}{dq}=\dfrac{2}{K}q+\dfrac{2}{K}q_e$ （3-12）

这是一个直线方程式，于普通坐标上标绘 $\dfrac{d\theta}{dq}$-q 的关系，可得直线。其斜率为 $\dfrac{2}{K}$，截距为 $\dfrac{2}{K}q_e$，从而求出 K、q_e。

注：当各数据点的时间间隔不大时，$\dfrac{d\theta}{dq}$ 可用增量之比 $\dfrac{\Delta\theta}{\Delta q}$ 来代替。

过滤常数的定义式：
$$K=2k\Delta p^{1-s} \tag{3-13}$$

两边取对数
$$\lg K=(1-s)\lg\Delta p+\lg(2k) \tag{3-14}$$

因 $k=\dfrac{1}{\mu r' v}$=常数，故 K 与 Δp 的关系在对数坐标上标绘时应是一条直线，直线的斜率为 $1-s$，由此可得滤饼的压缩性指数 s，然后代入式（3-14）求物料特性常数 k。

四、实验装置

本实验的装置流程如图 3-5 所示，滤浆槽内放有已配制具有一定浓度的 $CaCO_3$ 溶液（滤浆）。用电动搅拌器进行搅拌使滤浆浓度均匀（但不要出现打旋现象），用喷射真空泵使系统产生真空，作为过滤推动力。滤液在计量筒内计量。

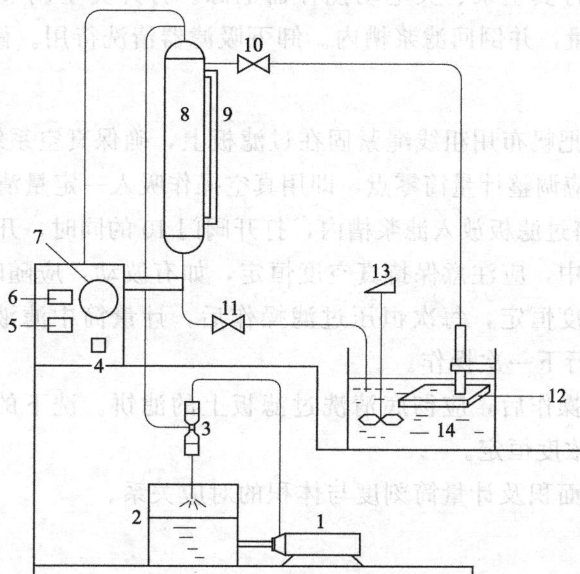

图 3-5　真空恒压过滤实验装置流程图

1—循环水泵；2—循环水槽；3—水力真空喷射泵；4—真空调节阀；5—循环水泵开关；6—搅拌器开关；7—真空表；8—计量筒；9—液位计；10—阀门；11—滤液排放阀；12—过滤板；13—搅拌器；14—滤浆槽

五、实验要求

1. 学生根据实验原理、熟悉实验流程及装置。

2. 熟悉数据采集的位置及方法，以获取必要的实验数据。

3. 拟订实验步骤及操作方法，要求保证实验数据的准确性和可靠性，经指导教师同意后开始实验操作。

4. 按拟订的实验步骤进行实验，完成有效数据采集，经指导教师同意后停止实验，做好清洁工作。

六、实验步骤

1. 将滤布固定紧，然后将过滤板按流程接入真空系统。

2. 将一定量的粉状 $CaCO_3$ 混入已装有水的滤浆槽内，开动电动搅拌器将滤浆槽内料浆搅拌成悬浮液作为滤浆。滤浆浓度可按需要配制［实验常用浓度 10%（质量分数）］。

3. 开动水泵，使真空喷射泵开始工作，若系统不能造成真空，检查原因，做适当处理。

4. 真空系统运转正常后，做好实验前的准备工作。首先初步调好实验要求的真空度。可将连接过滤板与滤液计量筒间胶管上的阀门 10 关闭，用真空度调节阀调节真空度。然后将过滤板放入清水盆中，打开阀门 10，将清水吸入计量筒中某液面建立零点、然后关闭阀门 10。将过滤板放入滤浆槽中固定，秒表回零。

5. 实验测定。打开阀门10、同时记录计量筒中液面上升至一定高度时的过滤时间和相应的滤液体积；滤液量和过滤时间要连续记录（因为过滤操作是不稳定过程）。滤液量的间隔最好相等，可控制液位计量高度在50～80刻度，每组实验测定5～7个数据。按照真空度为0.02MPa、0.04MPa、0.05MPa做三组实验。

6. 过滤结束后，停真空泵、关电动搅拌器电源。打开真空调节阀10，放出计量瓶内的滤液，用量筒计量，并倒回滤浆槽内。卸下吸滤器清洗待用。做好清洁工作。

七、注意事项

1. 恒压过滤前，把帆布用粗线绳紧固在过滤板上，确保真空系统的密闭性。

2. 恒压过滤前，应调整计量筒零点，即用真空操作吸入一定量清水，作为起始零点。在过滤实验开始时，将过滤板放入滤浆槽内，打开阀门10的同时，开始用秒表计时。

3. 恒压过滤过程中，应注意保持真空度恒定，如有波动，应随时调节。

4. 为保证滤浆浓度恒定，每次恒压过滤操作后，计量筒中滤液应放回滤浆槽，并重新调整零点，再进行下一次操作。

5. 每次恒压过滤操作后，应彻底清洗过滤板上的滤饼。洗下的滤饼层同样要放回滤浆槽，以保证滤浆浓度恒定。

6. 现场测量过滤面积及计量筒刻度与体积的对应关系。

八、实验报告要求

1. 将实验数据及计算结果整理列表，并以其中一组数据计算举例。

2. 作图求出K、q_e及滤饼的压缩性指数s和物料特性常数k。

3. 讨论实验结果。

九、思考题

在过滤实验中，当操作压力增加一倍时，其K值是否也会增加一倍？当要得到同样的过滤量时，其过滤时间是否缩短了一半？

Ⅱ. 板框过滤

一、实验装置的基本功能和特点

该实验装置由过滤板、过滤框组成小型工业用板框过滤机，该装置可用来练习板框压滤机规范化操作，测定过滤常数K、q_e及s、k等参数，实验数据稳定可靠，重现性好，一般过滤压力范围在0.05～0.2MPa。实验设备整体美观、操作方便。

二、实验装置

1. 实验装置流程图 实验装置流程如图3-6所示。

实验装置中的固定头管路如图3-7所示。

2. 实验设备主要技术参数

（1）旋涡泵 型号Y802-2；

（2）搅拌器 型号KDZ-1，功率160W，转速3200 r/min；

（3）过滤板 规格：160mm×180mm×11mm；

（4）滤布 工业用型号，过滤面积0.0475m^2；

(5) 计量桶　长 328mm，宽 288mm。

3. 实验流程简介

如图 3-6 所示，滤浆槽内配有一定浓度的轻质碳酸钙悬浮液（浓度在 6%～8%），用电动搅拌器进行均匀搅拌（浆液不出现旋涡为好）。启动旋涡泵，调节阀门 3 使压力表 5 指示在规定值。滤液在计量桶内计量。

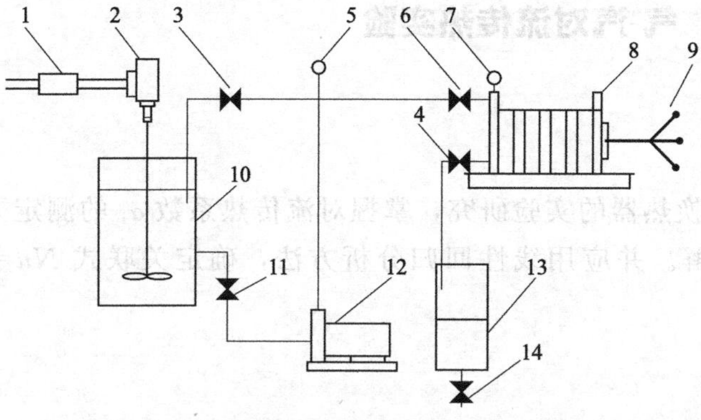

图 3-6　真空恒压过滤实验装置流程图

1—调速器；2—电动搅拌器；3，4，6，11，14—阀门；5，7—压力表；8—板框过滤机；9—压紧装置；10—滤浆槽；12—旋涡泵；13—计量桶

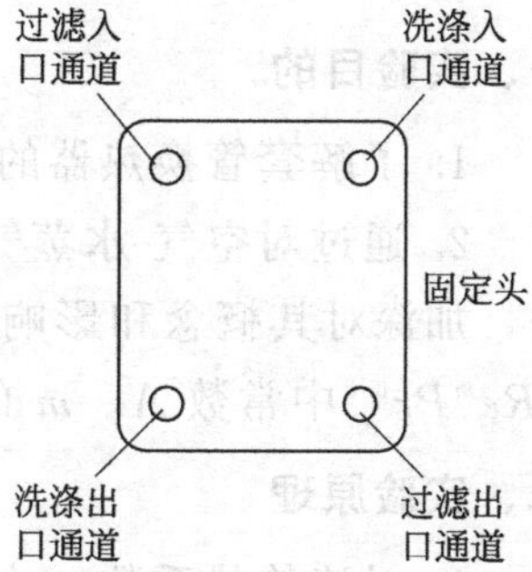

图 3-7　板框过滤机固定头管路分布图

三、实验步骤

1. 系统接上电源，打开搅拌器电源开关，启动电动搅拌器 2，将滤浆槽 10 内浆液搅拌均匀。

2. 板框过滤机板、框排列顺序为：固定头-非洗涤板-框-洗涤板-框-非洗涤板-可动头。用压紧装置压紧后待用。

3. 使阀门 3 处于全开，阀门 4、6、11 处于全关状态。启动旋涡泵 12，调节阀门 3 使压力表 5 达到规定值。

4. 待压力表 5 稳定后，打开过滤入口阀 6 开始过滤。当计量桶 13 内见到第一滴液体时按表计时。记录滤液每增加高度 10mm 时所用的时间。当计量桶 13 读数为150mm 时停止计时，并立即关闭入口阀 6。

5. 打开阀门 3 使压力表 5 指示值下降。开启压紧装置卸下过滤框内的滤饼并放回滤浆槽内，将滤布清洗干净。放出计量桶内的滤液并倒回槽内，以保证滤浆浓度恒定。

6. 改变压力，从步骤 2 开始重复上述实验。

7. 每组实验结束后，用洗水管路对滤饼进行洗涤，测定洗涤时间和洗水量。

8. 实验结束时，将阀门 11 接上自来水、阀门 4 接通下水，关闭阀门 3，对泵及滤浆进出口管进行冲洗。

四、注意事项

1. 过滤板与框之间的密封垫应注意放正，过滤板与框的滤液进出口对齐。用摇柄把过滤设备压紧，以免漏液。

2. 计量桶的流液管口应贴桶壁，否则液面波动影响读数。

3. 实验结束时关闭阀门 3。用阀门 11、4 接通自来水对泵及滤浆进出口管进行冲洗。切忌将自来水灌入储料槽中。

4. 电动搅拌器为无级调速。使用时首先接上系统电源，然后打开调速器开关，调速钮一定由小到大缓慢调节，切勿反方向调节或调节过快损坏电机。

5. 启动搅拌前，用手旋转一下搅拌轴以保证顺利启动搅拌器。

实验 4　气-汽对流传热实验

一、实验目的

1. 了解套管换热器的结构。

2. 通过对空气-水蒸气简单套管换热器的实验研究，掌握对流传热系数 α_i 的测定方法，加深对其概念和影响因素的理解。并应用线性回归分析方法，确定关联式 $Nu=ARe^m Pr^{0.4}$ 中常数 A、m 的值。

二、实验原理

1. 对流传热系数 α_i 的测定

对流传热系数 α_i 可以根据牛顿冷却定律，用实验来测定，即

$$\alpha_i=\frac{Q_i}{\Delta t_{mi} S_i} \tag{3-15}$$

式中　α_i——管内流体对流传热系数，W/（m^2·℃）；

Q_i——管内传热速率，W；

S_i——管内换热面积，m^2；

Δt_{mi}——对数平均温差，℃。

对数平均温差由式（3-16）确定：

$$\Delta t_{mi}=\frac{(t_w-t_{i1})-(t_w-t_{i2})}{\ln\frac{t_w-t_{i1}}{t_w-t_{i2}}} \tag{3-16}$$

式中　t_{i1}，t_{i2}——冷流体的入口、出口温度，℃；

t_w——壁面平均温度，℃。

因为传热管为紫铜管，其热导率很大，而管壁又薄，故认为内壁温度、外壁温度和壁面平均温度近似相等，用 t_w 来表示。采用铜-康铜热电偶测量铜管外壁面温度。

管内换热面积：

$$S_i=\pi d_i L_i \tag{3-17}$$

式中　d_i——内管管内径，m；

L_i——传热管测量段的实际长度，m。

热量衡算式：

$$Q_i=W_i C_{pi}(t_{i2}-t_{i1}) \tag{3-18}$$

其中质量流量由式（3-19）求得：

$$W_i=\frac{V_i\rho_i}{3600} \tag{3-19}$$

式中　V_i——冷流体在套管内的平均体积流量，m^3/h，空气主管路流量由孔板流量计测量；

C_{pi}——冷流体的定压比热容，kJ/（kg·℃）；

ρ_i——冷流体的密度，kg/m^3。

C_{pi}和ρ_i可根据定性温度t_m查得，$t_m=\frac{t_{i1}+t_{i2}}{2}$为冷流体进出口平均温度。

应用实验测得空气的流量及进出口温度即可求出在不同空气流速下的α_i值。

本实验空气流量用的孔板流量计为非标准设计，故进行了整体校正，得到空气流量V_{20}（m^3/h）与压差计读数R（mmH_2O）间的关系式：

$$V_{20}=2.281R^{0.497} \tag{3-20}$$

实验条件下空气的流量V_t（m^3/h）则需按式（3-21）计算：

$$V_t=V_{20}\sqrt{\frac{\rho_{20}}{\rho_{\bar{t}}}} \tag{3-21}$$

式中　ρ_{20}——20℃时的空气密度，kg/m^3；

$\rho_{\bar{t}}$——实验时空气入口温度平均值时的空气密度，kg/m^3；

$\bar{t}$——实验时空气入口温度平均值，℃。

由于被测管段上温度的变化，空气的真实流量还需进行进一步校正。

$$V_i=V_t\frac{273+t_m}{273+\bar{t}} \tag{3-22}$$

2. 对流传热系数准数关联式的实验确定

流体在管内做强制湍流，被加热状态，准数关联式的形式为：

$$Nu_i=ARe_i^m Pr_i^n \tag{3-23}$$

其中：$Nu_i=\frac{\alpha_i d_i}{\lambda_i}$，$Re_i=\frac{u_i d_i \rho_i}{\mu_i}$，$Pr_i=\frac{C_{pi}u_i}{\lambda_i}$。

物性数据λ_i、C_{pi}、ρ_i、μ_i可根据定性温度t_m查得。经过计算可知，对于管内被加热的空气，普兰特准数Pr_i变化不大，可以认为是常数，而Pr^n的指数取$n=0.4$，则关联式的形式简化为：

$$Nu_i=ARe_i^m Pr_i^{0.4} \tag{3-24}$$

通过实验确定不同流量下的Re_i与Nu_i，然后用线性回归方法确定A和m的值。

三、实验装置

实验装置流程图如图 3-8 所示，实验装置的主体是一根平行的套管换热器，外管为玻璃管，内管为紫铜材质，内径 18mm，外径 22mm，加热管有效长度$L_i=1.10m$。实验的蒸汽发生釜为电加热釜，内有 1 根螺旋形电加热器，加热电压可由固态调压器调节。

空气由旋涡气泵吹出，由旁路调节阀调节，经孔板流量计，进入换热器。管程蒸汽由加热釜产生后自然上升，经支路控制阀选择逆流进入换热器壳程，由另一端蒸汽出口自然喷出，达到逆流换热的效果。

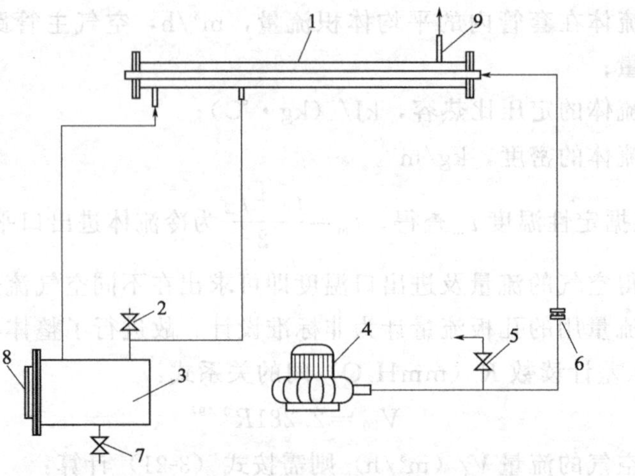

图 3-8　空气-水蒸气传热实验装置流程图

1—套管换热器；2—加水口；3—蒸汽发生器；4—旋涡气泵；
5—旁路调节阀；6—孔板流量计；7—放水口；8—液位计；9—蒸汽放空口

四、实验要求

1. 熟悉空气系统和水蒸气加热系统的流程，了解空气流量调节和计量方法。

2. 拟订实验步骤及操作方法，要求保证实验数据的准确性和可靠性。经指导教师同意后开始实验操作。

3. 按拟订的实验步骤进行实验，完成有效数据采集，经指导教师同意后停止实验，做好清洁工作。

五、实验步骤

1. 了解加热蒸汽的控制调节方法。合上电源开关。

2. 将毫伏测量仪表接通电源预热 15min，校零。检查热电偶的冷端是否全部浸没在冰水混合物中。

3. 检查电加热釜中的水位是否在正常范围内。如果发现水位过低，应及时补给水量。

4. 打开加热电源开关，调节调压器，使电压表的读数为 150～200V。

5. 估计水即将沸腾时，将空气系统的旁路调节阀 5 关闭，启动风机，此时空气进入换热器。

6. 在一定空气流量条件下，调节控制加热电压，保证蒸汽放空口一直有少量蒸汽放出。

7. 实验数据测量。改变空气流量，待系统稳定后记录数据。测定 5～6 组数据。

8. 实验结束后，关闭加热电压调节旋钮，关闭加热电源开关，待空气出口温度下降到 40℃以下时，关闭风机电源，切断总电源，全开旁路调节阀，做好清洁工作。

六、注意事项

1. 由于采用热电偶测温需采取冷端温度补偿，所以实验前要检查冰桶中是否有冰水混合物共存。检查热电偶冷端是否全部浸没在冰水混合物中。

2. 实验过程中须注意检查电加热釜中的水位是否在正常范围内。如果发现水位过低，应及时补给水量。

3. 在给电加热釜电压之前，必须保证蒸汽放空管线的畅通。防止管线截断或蒸汽压力过大突然喷出。

4. 启动风机之前，旁路调节阀必须全开，此时进入换热器的空气量最小，可以避免因突然启动风机风量大冲走 U 形压差计的指示液。

5. 改变空气流量后，应至少稳定 5～10min 后测定实验数据。

6. 刚开始加热时电压可稍大些，当有蒸汽溢出时可适当调小加热电压，保证蒸汽放空口一直有少量蒸汽放出即可。实验过程中不应再改变加热电压，以保持上升蒸汽量的稳定。

七、实验报告要求

1. 将实验数据及数据结果整理列表。

2. 准数关联式回归过程、结果与具体的回归方差分析，并以其中一组数据计算举例（在双对数坐标系中绘制 Nu-Re 的关系图，求出准数关联式中的常数 A 和 m）。

3. 将实验结果与经验公式相比较进行分析。

八、思考题

1. 本实验中空气和蒸汽的流向对传热效果有什么影响？

2. 在气-汽对流实验中，采用同一换热器，在流体流量及进口温度均不发生变化的时候，两种流体流动方式由逆流改为并流，总传热系数是否发生变化？为什么？

3. 在气-汽对流实验中，测定的壁面温度是接近空气侧的温度，还是接近蒸汽侧的温度？为什么？

4. 环隙间饱和蒸汽的压力发生变化，对管内空气传热膜系数的测量是否会产生影响？

实验 5　精馏塔实验

一、实验内容

1. 研究开车过程中，精馏塔在全回流条件下，塔顶温度等参数随时间的变化情况。

2. 测定精馏塔在全回流、稳定操作条件下，塔内温度和浓度沿塔高的分布。

3. 测定精馏塔在全回流和某一回流比下连续精馏时，稳定操作后的全塔理论塔板数、总板效率。

二、实验目的

1. 熟悉精馏塔结构和精馏流程，掌握精馏过程的操作及调节方法。

2. 掌握精馏塔全回流及部分回流时的总板效率的测定方法。

3. 观察精馏塔内气、液两相的接触状态。

4. 观察板式塔的液泛和漏液等现象，并分析这些操作状态对塔性能的影响。

三、实验原理

精馏是利用混合物中各组分挥发度的不同将混合物进行分离。在板式精馏塔中，混合溶液在塔釜内被加热汽化，蒸气通过各层塔板上升，当有冷凝液回流时，气液两相在塔板上鼓泡接触进行传质传热，气相部分冷凝，液相部分汽化，由于组成间挥发度不同，气液两相每接触一次得到一次分离，轻组分和重组分分别在逐板上升和下降过程中被逐渐提浓。

1. 精馏全塔效率测定

精馏过程中若离开某一块塔板的气相和液相组成达到平衡，则该板称为一块理论板。然而在实际操作的塔板上，由于气液两相接触的时间有限，气液两相达不到平衡状态，即一块实际操作的塔板分离效果常常达不到一块理论塔板的作用。因此，要想达到一定分离要求，实际操作的塔板数，总要比理论板数多。

在板式精馏塔中，完成一定分离任务所需的理论塔板数 N_T 与实际塔板数 N 之比定义为全塔效率（或总板效率）（塔板数皆不包括蒸馏釜），即

$$E=\frac{N_T}{N} \tag{3-25}$$

对于二元物系，如已知其气液两相平衡数据，则根据精馏塔的原料液组成，进料热状况，操作回流比及塔顶馏出液组成，塔底釜液组成可以求出该塔的理论板数 N_T。按照式（3-25）可以得到总板效率 E。

全回流操作时，测得塔顶馏出液组成 x_D 及塔釜排出液组成 x_W，可直接用图解法或逐板计算法求出理论塔板数 N_T。

当塔在一定的回流比 R 下（部分回流）操作时，可利用图中画阶梯的方法（图 3-9）求理论板数 N_T，方法如下。

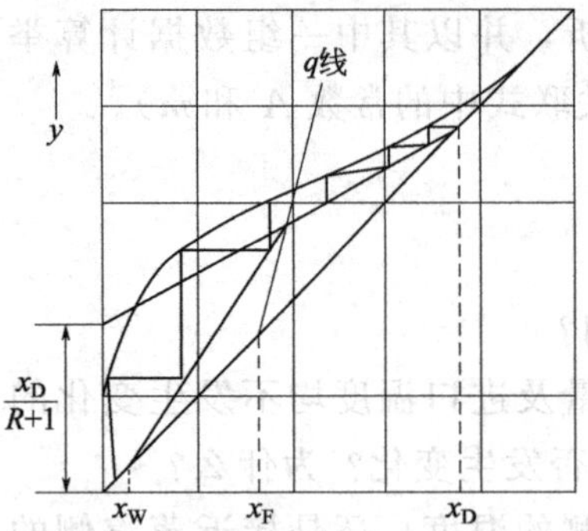

图 3-9 部分回流求理论塔板数

① 根据样品分析结果确定 x_D、x_W 及进料组成 x_F；

② 根据进料温度 t_F 及 x_F，由式（3-26）确定进料热状态参数。

进料热状况参数的计算式为

$$q=\frac{C_{pm}(t_{BP}-t_F)+r_m}{r_m} \tag{3-26}$$

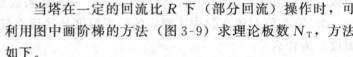

式中 t_F——进料温度，℃。

t_{BP}——进料的泡点温度，℃。

C_{pm}——进料液体在平均温度 $(t_F+t_{BP})/2$ 下的比热容，kJ/(kmol·℃)；

r_m——进料液体在其组成和泡点温度下的汽化潜热，kJ/kmol。

$$C_{pm}=C_{p1}M_1x_1+C_{p2}M_2x_2 \tag{3-27}$$

$$r_m=r_1M_1x_1+r_2M_2x_2 \tag{3-28}$$

式中 C_{p1}，C_{p2}——纯组分 1 和组分 2 在平均温度下的比热容，kJ/(kg·℃)；

r_1，r_2——纯组分 1 和组分 2 在泡点温度下的汽化潜热，kJ/kg；

M_1，M_2——纯组分 1 和组分 2 的摩尔质量，kg/kmol；

x_1，x_2——纯组分 1 和组分 2 在进料中的摩尔分数。

2. 精馏塔操作要领

(1) 维持好物料平衡 即

$$F=D+W \qquad Fx_F=Dx_D+Wx_W \tag{3-29a}$$

或
$$\frac{D}{F}=\frac{x_F-x_W}{x_D-x_W} \qquad \frac{W}{F}=\frac{x_D-x_F}{x_D-x_W} \tag{3-29b}$$

式中　F，D，W——进料、馏出液、釜残液的流速，kmol/s；

x_F，x_D，x_W——进料、馏出液、釜残液中轻组分的摩尔分数；

D/F，W/F——塔顶、塔底的采出率。

若物料不平衡，当 $F>D+W$ 时，将导致塔釜、降液管和塔板液面升高，压降增大，雾沫夹带增加，严重时甚至会淹塔；当 $F<D+W$ 时，将导致塔釜、降液管和塔板液面降低，漏液量增加，塔板上气液分布不均匀，严重时甚至会干塔。

在规定的精馏条件下，若塔顶采出率 D/F 超出正常值，即使精馏塔具有足够的分离能力，从塔顶也不能得到规定的合格产品；若塔底采出率 W/F 超出正常值，则釜残液的组成将增加，既不能达到分离要求，也增加了轻组分的损失。

（2）控制好回流比　精馏塔应采用适宜的回流比操作，在塔板数固定的情况下，当满足 $Dx_D \leqslant Fx_F$ 且塔处于正常流体力学状态时，加大回流比能提高塔顶馏出液组成 x_D，但能耗也随之增加。加大回流比的措施，一是减少馏出液量；二是加大塔釜的加热速率和塔顶的冷凝速率，但塔釜的加热速率和塔顶的冷凝速率在装置中是有限度的。因此在操作过程中，调节回流比时要将两者协调好，尤其是后者，因为后者涉及维持热量平衡。

四、实验装置

精馏塔装置示意图如图 3-10 所示。

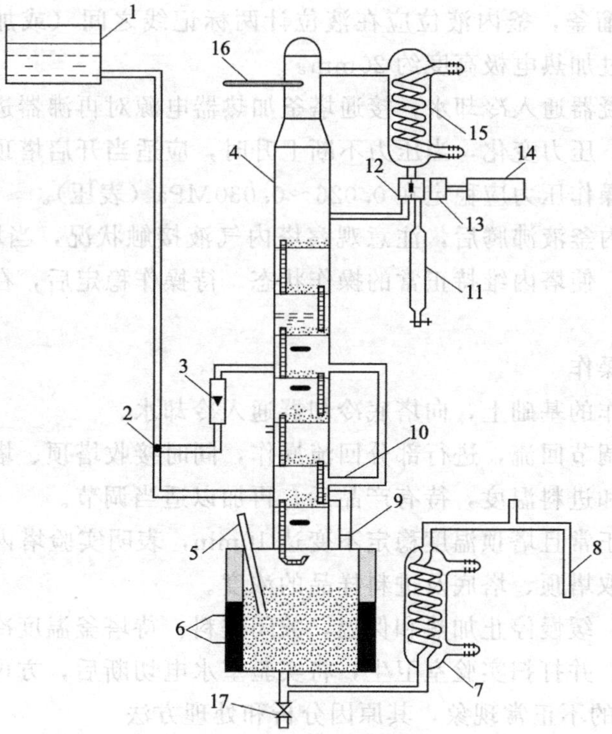

图 3-10　精馏塔装置示意图

1—原料液储槽；2—三通阀门；3—转子流量计；4—塔体；5—温度计；6—塔釜电加热接线柱；7—塔底冷却器；8—塔底溢流管；9—加料（塔釜取样口）；10—进料口；11—塔顶产品接收器；12—回流比控制器；13—回流比控制用的线圈；14—回流比调节器；15—塔顶冷却器；16—塔顶温度计；17—釜液排液旋塞

五、实验要求

本实验为设计型实验，学生应在教师的协助下，独立设计出完整的实验方案，并自主实施。必须进行的实验内容为1、2，可供选做的实验内容为3～8，最少从中选做一个。

1. 研究开车过程中，精馏塔在全回流条件下，塔顶温度等参数随时间的变化情况。

2. 测定精馏塔在全回流和某一回流比连续精馏时，稳定操作后的全塔理论塔板数、总板效率。

3. 在全回流、稳定操作条件下，测定塔顶物料浓度、总板效率随塔釜蒸发量的变化情况。

4. 在部分回流、稳定操作条件下，测定总板效率随回流比的变化情况。

5. 在部分回流、稳定操作条件下，测定总板效率随进料流量的变化情况。

6. 在部分回流、稳定操作条件下，测定总板效率随进料组成的变化情况。

7. 在部分回流、稳定操作条件下，测定总板效率随进料热状态的变化情况。

8. 研究间歇精馏操作过程中，固定回流比情况下，塔顶温度随时间的变化情况。

六、实验步骤

1. 正常操作步骤

（1）熟悉流程和主要控制点。

（2）配制一定浓度的混合液（乙醇和正丙醇混合液或乙醇水溶液），加到进料槽中，然后将料液注入蒸馏釜，釜内液位应在液位计两标记线之间（或加入其容积的2/3），物料液面高度应超过加热电极高度约20mm。

（3）向塔顶冷凝器通入冷却水，接通塔釜加热器电源对再沸器进行缓慢加热。密切注意加热釜的温度、压力变化，当压力不断上升时，应适当开启塔顶排气阀及时将塔内不凝性气体排出，操作压力应稳定在0.026～0.030MPa（表压）。

（4）待加热釜内釜液沸腾后，注意观察塔内气液接触状况，当塔顶有液体回流后，适当调整加热功率，使塔内维持正常的操作状态。待操作稳定后，在塔顶和塔釜分别取样，测定样品浓度。

（5）部分回流操作

①在全回流操作的基础上，向塔底冷却器通入冷却水。

②向塔进料，调节回流，进行部分回流操作，同时接收塔顶、塔底馏出液，注意要预先选择好回流比和进料温度，待有产品后，再加以适当调节。

③待塔内操作正常且塔顶温度稳定不变达10min，表明实验塔内操作正常，记录实验数据，并分别测取塔顶、塔底及进料样品的浓度。

④实验结束后，缓慢停止加热和保温，关闭进料。待塔釜温度冷却至室温后，关闭冷却水，一切复原，并打扫实验室卫生，将实验室水电切断后，方可离开实验室。

2. 操作过程中的不正常现象，其原因分析和处理方法

（1）塔顶温度高于正常值，塔釜温度低于正常值，馏出液和釜液组成不合要求。这是因为塔板分离能力不够，应加大回流比。

（2）塔釜温度变化不大，塔顶温度逐渐升高，馏出液组成降低。这是因为 $Dx_D>$

Fx_F-Wx_W，又可细分为：①$\frac{D}{F}>\frac{x_F-x_W}{x_D-x_W}$，即塔顶采出率过大；②$x_F$下降过多。处理办法是：对①应适当使$D$下降、$W$上升，待塔顶温度逐步降至正常时，再调节各操作参数使精馏过程于$Dx_D=Fx_F-Wx_W$下进行；对②则应使进料板下移或使R上升。

（3）塔顶温度变化不大，塔釜温度逐渐下降，釜液组成升高。这是因为$Dx_D<Fx_F-Wx_W$，又可细分为：①$\frac{D}{F}<\frac{x_F-x_W}{x_D-x_W}$；②$x_F$上升太快。处理方法是：对①与现象（2）中的①相反，对②可使进料板上移或加大塔釜电热器功率，并使D上升、W下降。

（4）塔板漏液，塔釜压力降低，塔板上液面下降或消失。这是因为上升蒸汽量不够，应适当加大塔釜电热器功率。

（5）液沫夹带严重，馏出液和釜残液不符合要求，塔釜压力偏高。这是因为上升蒸汽量和液体回流量过大，应减小塔釜电加热器功率和回流量。

（6）液体逐板下降不畅，塔釜压力陡升，造成淹塔。这是因为溢流液泛，夹带液泛，应减小回流量和上升蒸汽量。

（7）塔釜压力逐渐升高，塔顶冷凝效果降低。这是因为塔内不凝性气体积聚，应排放不凝气。

七、注意事项

1. 本实验过程中，严禁干烧加热器，以免发生触电事故。

2. 实验装置全部采用玻璃制成，并采用涂镀于塔体表面的导电透明膜对玻璃进行加热，为防止触电，严禁直接接触镀膜管。不要加热过快以免发生玻璃炸裂事故。

3. 接通塔釜加热器电源对再沸器进行缓慢加热（加热速率小于每15min升高电压30V），待再沸器内液体开始沸腾后接通塔身保温电热电路（保温电压小于100V）。

4. 开车时应先向塔顶冷却器通入冷却水，后给再沸器加热，停车反之。

5. 再沸器内料液的位置应始终高于加热釜电极的高度。

6. 原料液为乙醇、正丙醇混合液。

7. 用微型注射器取样。取样前先用少量试样冲洗注射器，用阿贝折射仪测量样品折射率，计算相应质量分数。

8. 阿贝折射仪的使用方法见附录2。

9. 缓慢停止加热和保温。待塔釜温度冷却至室温后，关闭冷却水，一切复原，并打扫实验室卫生，将实验室水电切断后，方能离开实验室。

10. 实验完毕后，关闭总电源，打开回流管路，将馏出液排尽，清理实验现场。

八、实验报告内容

1. 计算X_D和X_W。

2. 图解法确定理论板数，并求出全塔效率。

3. 讨论实验结果。

九、思考题

1. 在精馏操作过程中，回流温度发生波动，对操作会产生什么影响？

2. 在板式塔中，气体、液体在塔内流动时可能会出现几种操作现象？

3. 如何判断精馏塔内的操作是否正常合理？如何判断塔内的操作是否处于稳定状态？

4. 是不是精馏塔越高，产量越大？

5. 精馏塔加高能否得到无水乙醇？

6. 结合本实验说明影响精馏操作稳定的因素有哪些。

7. 操作中加大回流比应如何进行？有何利弊？

8. 精馏塔在操作过程中，由于塔顶采出率太大而造成产品不合格时，要恢复正常的最快、最有效的方法是什么？

实验 6　二氧化碳吸收与解吸实验

一、实验设备主要技术参数与基本情况

1. 设备主要参数

填料塔：玻璃管内径 $D_i=0.050\text{m}$，内装 $\phi 6\text{mm}\times 10\text{mm}$ 瓷拉西环；填料层高度 $Z=0.8\text{m}$；

风机：XGB-12 型，550W。

二氧化碳钢瓶 1 个，减压阀 1 个。

2. 流量测量仪表

CO_2转子流量计：型号 LZB-6，流量范围 0.06～0.6m^3/h；

空气转子流量计：型号 LZB-10，流量范围 0.25～2.5m^3/h；

吸收塔水转子流量计：型号 LZB-6，流量范围 6～60L/h；

解吸塔水转子流量计：型号 LZB-10，流量范围 16～160L/h。

3. 浓度测量仪表

化学分析仪器一套。

4. 温度测量仪表

PT100 铂电阻，用于测定气相、液相温度，数字仪表显示。

CO_2在水中的亨利系数见表 3-1。

表 3-1　二氧化碳在水中的亨利系数　（$E\times10^{-5}$）　单位：kPa

气体	温度/℃											
	0	5	10	15	20	25	30	35	40	45	50	60
CO_2	0.738	0.888	1.05	1.24	1.44	1.66	1.88	2.12	2.36	2.60	2.87	3.46

二、实验流程

吸收质（二氧化碳气体）由钢瓶经减压阀和转子流量计 15 计量后与经过计量后的空气混合由塔底进入吸收塔内，气体自下而上经过填料层与吸收剂纯水逆流接触进行吸收操作，尾气从塔顶放空；吸收剂是由转子流量计 14 计量后由塔顶进入喷洒而下；吸收二氧化碳后的液体流入塔底后进入储槽 22 中，再由吸收液液泵 3 经流量计 7 计量后进入解吸塔进行解吸操作，空气由流量计 6 控制流量进入解吸塔塔底，自下而上经过填

料层与液相逆流接触对吸收液进行解吸，解吸后气体自塔顶放空。U 形液柱压差计用来测量填料层两端的压力降。

二氧化碳吸收解吸实验装置流程示意图见图 3-11。

二氧化碳吸收解吸实验装置仪器面板示意图见图 3-12。

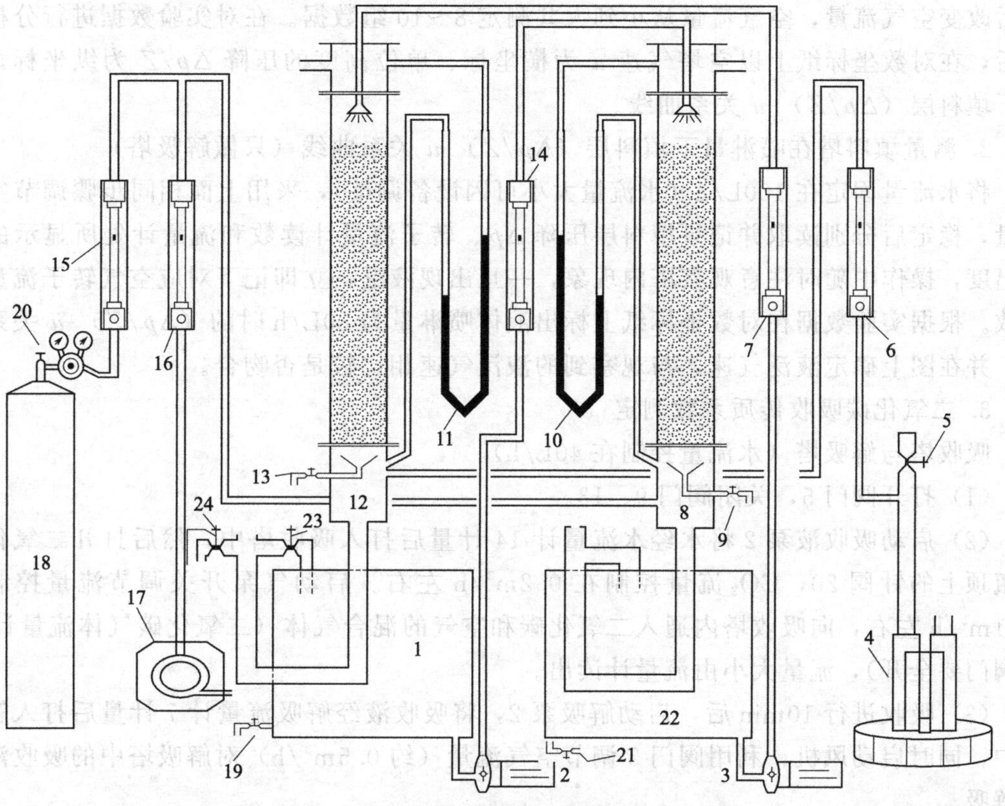

图 3-11　二氧化碳吸收解吸实验装置流程示意图

1—解吸液储槽；2—解吸液液泵；3—吸收液液泵；4—风机；5—空气旁通阀；6—空气流量计；7—吸收液流量计；8—吸收塔；9—吸收塔塔底取样阀；10，11—U 形管液柱压差计；12—解吸塔；13—解吸塔塔底取样阀；14—解吸液流量计；15—CO_2流量计；16—吸收用空气流量计；17—吸收用气泵；18—CO_2钢瓶；19，21—水箱放水阀；20—减压阀；22—吸收液储槽；23—回水阀；24—放水阀

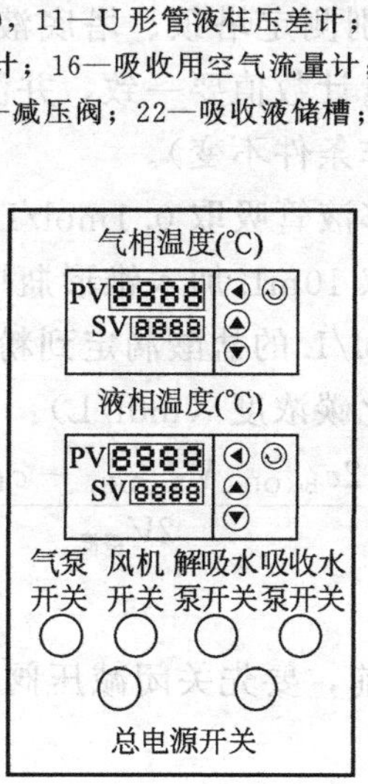

图 3-12　仪器面板示意图

三、实验步骤

1. 测量填料塔干填料层（$\Delta p/Z$）-u 关系曲线（只做解吸塔）

打开空气旁路调节阀5至全开，启动风机。打开空气流量计，逐渐关小阀门5的开度，调节进塔的空气流量。稳定后读取填料层压降 Δp 即U形管液柱压差计11的数值，然后改变空气流量，空气流量从小到大共测定8～10组数据。在对实验数据进行分析处理后，在对数坐标纸上以空塔气速 u 为横坐标、单位高度的压降 $\Delta p/Z$ 为纵坐标，标绘干填料层（$\Delta p/Z$）-u 关系曲线。

2. 测量填料塔在喷淋量下填料层（$\Delta p/Z$）-u 关系曲线（只做解吸塔）

将水流量固定在100L/h（水流量大小可因设备调整），采用上面相同步骤调节空气流量，稳定后分别读取并记录填料层压降 Δp、转子流量计读数和流量计处所显示的空气温度，操作中随时注意观察塔内现象，一旦出现液泛，立即记下对应空气转子流量计读数。根据实验数据在对数坐标纸上标出液体喷淋量为80L/h时的（$\Delta p/Z$）-u 关系曲线，并在图上确定液泛气速，与观察到的液泛气速相比较是否吻合。

3. 二氧化碳吸收传质系数测定

吸收塔与解吸塔（水流量控制在40L/h）

（1）打开阀门5，关闭阀门9、13。

（2）启动吸收液泵2将水经水流量计14计量后打入吸收塔中，然后打开二氧化碳钢瓶顶上的针阀20，CO_2 流量控制在0.2m^3/h左右。启动气泵开关调节流量控制在0.51m^3/h左右，向吸收塔内通入二氧化碳和空气的混合气体（二氧化碳气体流量计15的阀门要全开），流量大小由流量计读出。

（3）吸收进行10min后，启动解吸泵2，将吸收液经解吸流量计7计量后打入解吸塔中，同时启动风机，利用阀门5调节空气流量（约0.5m^3/h）对解吸塔中的吸收液进行解吸。

（4）操作达到稳定状态之后，测量塔底的水温，同时在塔顶、塔底取样口用100mL锥形瓶取20mL样品并分别测定塔顶、塔底液体中二氧化碳的含量（实验时注意吸收塔水流量计和解吸塔水流量计数值要一致，并注意解吸水箱中的液位，两个流量计要及时调节，以保证实验时操作条件不变）。

（5）二氧化碳含量测定　用移液管吸取0.1mol/L的 $Ba(OH)_2$ 溶液10mL，放入锥形瓶中，并从塔顶或塔底样品中取10mL加入锥形瓶中用胶塞塞好振荡。溶液中加入2～3滴酚酞指示剂摇匀，用0.1mol/L的盐酸滴定到粉红色消失即为终点。

按下式计算得出溶液中二氧化碳浓度（mol/L）：

$$c_{CO_2}=\frac{2c_{Ba(OH)_2}V_{Ba(OH)_2}-c_{HCl}V_{HCl}}{2V_{溶液}}$$

四、注意事项

1. 开启二氧化碳钢瓶总阀门前，要先关闭减压阀。总阀门开启后缓慢打开减压阀，阀门开度不宜过大。

2. 实验中要注意保持吸收塔水流量计和解吸塔水流量计数值一致，并随时关注水箱中的液位。

3. 分析 CO_2 浓度操作时动作要迅速，以免 CO_2 从液体中溢出导致结果不准确。

4. 实验用水应采用蒸馏水。

实验7 干燥速率曲线测定实验

一、实验内容

1. 每组在某固定的空气流量和某固定的空气温度下测量一种物料干燥曲线、干燥速率曲线和临界含水量。

2. 测定恒速干燥阶段物料与空气之间的对流传热系数。

二、实验目的

1. 掌握干燥曲线和干燥速率曲线的测定方法。

2. 学习物料含水量的测定方法。

3. 加深对物料临界含水量 X_c 概念及其影响因素的理解。

4. 学习恒速干燥阶段物料与空气之间对流传热系数的测定方法。

三、实验原理

当湿物料与干燥介质相接触时，物料表面的水分开始汽化，并向周围介质传递。根据干燥过程中不同期间的特点，干燥过程可分为两个阶段。

第一个阶段为恒速干燥阶段。在过程开始时，由于整个物料的湿含量较大，其内部的水分能迅速地达到物料表面。因此，干燥速率为物料表面上水分的汽化速率所控制，故此阶段亦称为表面汽化控制阶段。在此阶段，干燥介质传给物料的热量全部用于水分的汽化，物料表面的温度维持恒定（等于热空气湿球温度），物料表面处的水蒸气分压也维持恒定，故干燥速率恒定不变。

第二个阶段为降速干燥阶段，当物料被干燥达到临界湿含量后，便进入降速干燥阶段。此时，物料中所含水分较少，水分自物料内部向表面传递的速率低于物料表面水分的汽化速率，干燥速率为水分在物料内部的传递速率所控制。故此阶段亦称为内部迁移控制阶段。随着物料湿含量逐渐减少，物料内部水分的迁移速率也逐渐减少，故干燥速率不断下降。

恒速段的干燥速率和临界含水量的影响因素主要有：固体物料的种类和性质；固体物料层的厚度或颗粒大小；空气的温度、湿度和流速；空气与固体物料间的相对运动方式。

恒速段的干燥速率和临界含水量是干燥过程研究和干燥器设计的重要数据。本实验在恒定干燥条件下对帆布物料进行干燥，测定干燥曲线和干燥速率曲线，目的是掌握恒速段干燥速率和临界含水量的测定方法及其影响因素。

1. 干燥速率的测定

$$U=\frac{dW'}{S d\tau}\approx\frac{\Delta W'}{S\Delta\tau} \tag{3-30}$$

式中 U——干燥速率，kg/（m^2·h）；

S——干燥面积，m^2；

$\Delta\tau$——时间间隔，h；

$\Delta W'$——$\Delta\tau$ 时间间隔内干燥汽化的水分量，kg。

2. 物料干基含水量

$$X=\frac{G'-G_c{}'}{G_c{}'} \tag{3-31}$$

式中 X——物料干基含水量，kg水/kg绝干物料；

G'——固体湿物料的量，kg；

$G_c{}'$——绝干物料量，kg。

3. 恒速干燥阶段物料表面与空气之间的对流传热系数的测定

$$U_c=\frac{dW'}{S d\tau}=\frac{dQ'}{r_{t_w} S d\tau}=\frac{\alpha(t-t_w)}{r_{t_w}} \tag{3-32}$$

$$\alpha=\frac{U_c r_{t_w}}{t-t_w} \tag{3-33}$$

式中 α——恒速干燥阶段物料表面与空气之间的对流传热系数，W/（m^2·℃）；

U_c——恒速干燥阶段的干燥速率，kg/（m^2·h）；

t_w——干燥器内空气的湿球温度，℃；

t——干燥器内空气的干球温度，℃；

r_{t_w}——t_w℃下水的汽化热，J/kg。

四、实验装置

1. 实验装置一

洞道尺寸：长1.10m，宽0.125m，高0.180m；

加热功率：500～500W；

空气流量：1～5m^3/min；

干燥温度：40～120℃；

干球温度计、湿球温度计：量程0～150℃；

电子秒表。

2. 实验装置二

洞道尺寸：长1.10 m，宽0.190 m，高0.24m；

加热功率：500～2500W；

空气流量：1～5m^3/min；

干燥温度：40～120℃；

称重传感器显示仪：量程0～200g；

干球温度计、湿球温度计显示仪：量程0～400℃；

孔板流量计处温度计显示仪：量程0～400℃；

孔板流量计差压变送器和显示仪：量程0～10kPa。

洞道式干燥器实验装置流程示意图见图3-13、图3-14。

洞道式干燥器实验装置仪表面板图见图3-15。

五、实验步骤

1. 装置一的操作方法

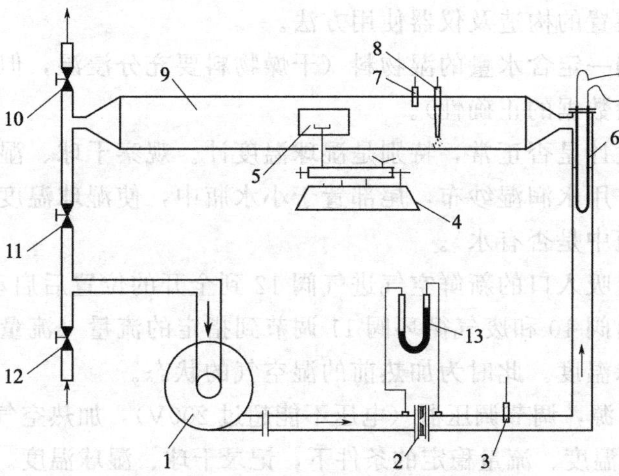

图 3-13　洞道干燥实验装置一流程示意图

1—离心风机；2—孔板流量计；3—孔板流量计处温度计；4—天平；5—干燥物料（帆布）；6—电加热器；7—干球温度计；8—湿球温度计；9—洞道干燥室；10—废气排出阀；11—废气循环阀；12—新鲜空气进气阀；13—U 形压差计

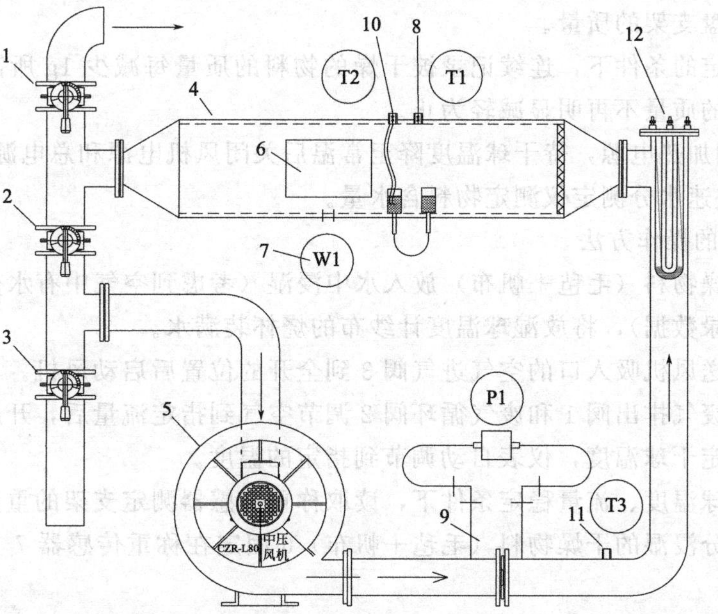

图 3-14　洞道式干燥器实验装置二流程示意图

1—废气排出阀；2—废气循环阀；3—空气进气阀；4—洞道干燥器；5—风机；6—干燥物料；7—称重传感器；8—干球温度计；9—孔板流量计；10—湿球温度计；11—空气进口温度计；12—加热器

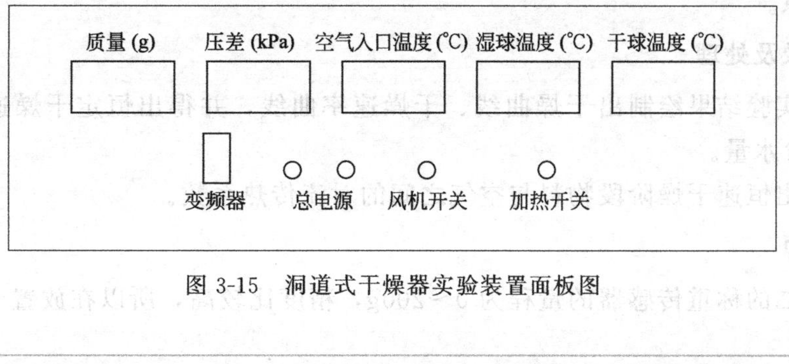

图 3-15　洞道式干燥器实验装置面板图

（1）熟悉实验装置的构造及仪器使用方法。

（2）实验前配制一定含水量的湿物料（干燥物料要充分浸湿，但不能有水滴自由滴下，否则将影响实验数据的正确性）。

（3）检查各温度计是否正常，特别是湿球温度计。观察干球、湿球温度（用纱布包裹温度计的感温球，用水润湿纱布，尾部置于小水瓶中，使湿球温度计的纱布始终保持湿润状态。注意水瓶中是否有水）。

（4）调节送风机吸入口的新鲜空气进气阀 12 到全开的位置后启动风机。

（5）用废气排出阀 10 和废气循环阀 11 调节到指定的流量（流量范围 1～5m^3/min）后，观察干球、湿球温度。此时为加热前的湿空气的状态。

（6）开启加热电源，调节调压器（电压不能超过 200V），加热空气。观察干球、湿球温度的变化，在空气温度、流量稳定的条件下，记录干球、湿球温度。此时为空气加热后的状态（干燥器内必须有空气流过才能开启加热，防止干烧损坏加热器，出现事故）。

（7）称取干燥支架及托盘的质量。

（8）把充分浸湿的干燥物料放入干燥托盘上并与气流平行放置。调节天平平衡，记录下物料及托盘支架的质量。

（9）在稳定的条件下，连续记录被干燥的物料的质量每减少 1g 所需的时间。实验直至干燥物料的质量不再明显减轻为止。

（10）关闭加热电源，待干球温度降至常温后关闭风机电源和总电源。

（11）用快速水分测定仪测定物料含水量。

2. 装置二的操作方法

（1）将干燥物料（毛毡＋帆布）放入水中浸湿（考虑到空气中有水分，实验前将物料烘干，并记录数据），将放湿球温度计纱布的烧杯装满水。

（2）调节送风机吸入口的空气进气阀 3 到全开的位置后启动风机。

（3）通过废气排出阀 1 和废气循环阀 2 调节空气到指定流量后，开启加热电源。在智能仪表中设定干球温度，仪表自动调节到指定的温度。

（4）在干球温度、流量稳定条件下，读取称重传感器测定支架的重量并记录下来。

（5）把充分浸湿的干燥物料（毛毡＋帆布）6 固定在称重传感器 7 上并与气流平行放置。

（6）在系统稳定状况下，记录干燥时间每隔 3min 时干燥物料减轻的重量，直至干燥物料的重量不再明显减轻为止（一般为重复出现 0.2～0.3g）。

（7）实验结束时，先关闭加热电源，待干球温度降至常温后关闭风机电源和总电源。一切复原。

六、数据记录及处理

1. 根据实验结果绘制出干燥曲线、干燥速率曲线，并得出恒定干燥速率、临界含水量、平衡含水量。

2. 计算出恒速干燥阶段物料与空气之间的对流传热系数。

七、注意事项

1. 装置二的称重传感器的量程为 0～200g，精度比较高，所以在放置干燥物料时务必轻拿轻放，以免损坏或降低称重传感器的灵敏度。

2. 当干燥器内有空气流过时才能开启加热装置，以避免干烧损坏加热器，本装置必须先开风机再开加热开关。

3. 干燥物料要保证充分浸湿但不能有水滴滴下，否则将影响实验数据的准确性。

4. 实验进行中不要改变智能仪表的参数设置。

5. 安全原因，干球温度一般禁止超过80℃。

八、思考题

试分析空气流量或温度对恒定干燥速率、临界含水量的影响。

实验8 流体流动综合实验

一、实验内容

1. 测定实验管路内流体流动的阻力和直管摩擦系数λ。

2. 测定实验管路内流体流动的直管摩擦系数λ与雷诺数Re和相对粗糙度之间的关系曲线。

3. 测定管路部件局部摩擦阻力Δp_f和局部阻力系数ζ。

4. 熟悉离心泵的结构与操作方法。

5. 测定某型号离心泵在一定转速下的特性曲线。

6. 测定流量调节阀某一开度下管路特性曲线。

二、实验目的

1. 学习直管摩擦阻力Δp_f、直管摩擦系数λ的测定方法。

2. 掌握直管摩擦系数λ与雷诺数Re和相对粗糙度之间的关系及变化规律。

3. 掌握局部摩擦阻力Δp_f、局部阻力系数ζ的测定方法。

4. 学习压力差的几种测量方法和提高其测量精确度的一些技巧。

5. 熟悉离心泵的操作方法。

6. 掌握离心泵特性曲线和管路特性曲线的测定方法、表示方法，加深对离心泵性能的了解。

三、实验原理

1. 直管摩擦系数λ与雷诺数Re的测定

直管的摩擦阻力系数是雷诺数和相对粗糙度的函数，即$\lambda=f(Re,\ \varepsilon/d)$，对一定的相对粗糙度而言，$\lambda=f(Re)$。

流体在一定长度等直径的水平圆管内流动时，其管路阻力引起的能量损失为：

$$h_f=\frac{p_1-p_2}{\rho}=\frac{\Delta p_f}{\rho} \tag{3-34}$$

又因为摩擦阻力系数与阻力损失之间有如下关系（范宁公式）

$$h_f=\frac{\Delta p_f}{\rho}=\lambda\frac{l}{d}\times\frac{u^2}{2} \tag{3-35}$$

整理式（3-34）、式（3-35）两式得

$$\lambda=\frac{2d}{\rho l}\times\frac{\Delta p_f}{u^2} \tag{3-36}$$

$$Re=\frac{du\rho}{\mu} \tag{3-37}$$

式中　d——管径，m；

Δp_f——直管阻力引起的压力降，Pa；

l——管长，m；

u——流速，m/s；

ρ——流体的密度，kg/m³；

μ——流体的黏度，Pa·s。

在实验装置中，直管段管长 l 和管径 d 都已固定。若水温一定，则水的密度 ρ 和黏度 μ 也是定值。所以本实验实质上是测定直管段流体阻力引起的压力降 Δp_f 与流速 u（或流量 q_V）之间的关系。

根据实验数据和式（3-36）可计算出不同流速下的直管摩擦系数 λ，用式（3-37）计算对应的 Re，整理出直管摩擦系数和雷诺数的关系，绘出 λ 与 Re 的关系曲线。

2. 局部阻力系数 ζ 的测定

$$h'_f=\frac{\Delta p'_f}{\rho}=\zeta\frac{u^2}{2} \qquad \zeta=\frac{2}{\rho}\times\frac{\Delta p'_f}{u^2}$$

式中　ζ——局部阻力系数，无量纲；

$\Delta p'_f$——局部阻力引起的压力降，Pa；

h'_f——局部阻力引起的能量损失，J/kg。

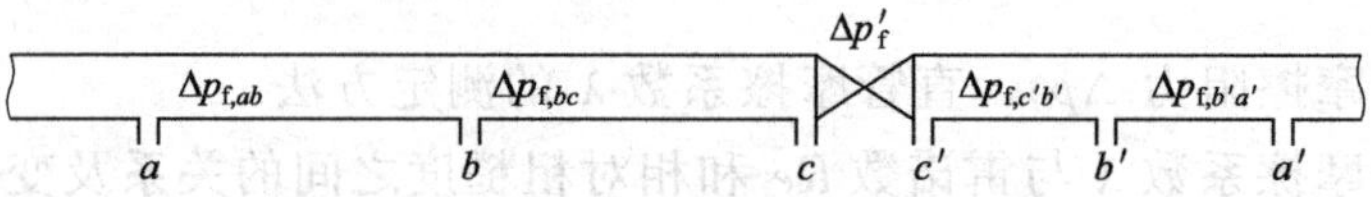

图 3-16　局部阻力测量取压口布置图

局部阻力引起的压力降 $\Delta p'_f$ 可用下面方法测量：在一条各处直径相等的直管段上，安装待测局部阻力的阀门，在上、下游各开两对测量取压口 a-a' 和 b-b'，如图 3-16 所示，使 $ab=bc$；$a'b'=b'c'$，则 $\Delta p_{f,ab}=\Delta p_{f,bc}$；$\Delta p_{f,a'b'}=\Delta p_{f,b'c'}$

在 $a\sim a'$ 之间列伯努利方程式：　$p_a-p_{a'}=2\Delta p_{f,ab}+2\Delta p_{f,a'b'}+\Delta p'_f$　(3-38)

在 $b\sim b'$ 之间列伯努利方程式：　$p_b-p_{b'}=\Delta p_{f,bc}+\Delta p_{f,b'c'}+\Delta p'_f$

$$=\Delta p_{f,ab}+\Delta p_{f,a'b'}+\Delta p'_f \tag{3-39}$$

联立式（3-38）和式（3-39），则：　$\Delta p'_f=2(p_b-p_{b'})-(p_a-p_{a'})$

为了实验方便，称 $p_b-p_{b'}$ 为近点压差，称 $p_a-p_{a'}$ 为远点压差。其数值用差压传感器或 U 形管压差计来测量。

3. 离心泵特性曲线的测定

离心泵是最常见的液体输送设备。在一定的型号和转速下，离心泵的扬程 H、轴功率 N 及效率 η 均随流量 Q 而改变。通常通过实验测出 H-Q、N-Q 及 η-Q 关系，并用曲线表示，该曲线称为特性曲线。特性曲线是确定泵的适宜操作条件和选用泵的重要依据。泵特性曲线的具体测定方法如下。

（1）H 的测定　在泵的吸入口和排出口之间列伯努利方程

$$Z_{入}+\frac{p_{入}}{\rho g}+\frac{u_{入}^2}{2g}+H=Z_{出}+\frac{p_{出}}{\rho g}+\frac{u_{入}^2}{2g}+H_{f入-出} \tag{3-40}$$

$$H=Z_{出}-Z_{入}+\frac{p_{出}-p_{入}}{\rho g}+\frac{u_{出}^2-u_{入}^2}{2g}+H_{f入-出} \tag{3-41}$$

式（3-41）中 $H_{f入-出}$ 是泵的吸入口和压出口之间管路内的流体流动阻力，与伯努利方程中其他项比较，$H_{f入-出}$ 值很小，故可忽略。于是式（3-41）变为：

$$H=Z_{出}-Z_{入}+\frac{p_{出}-p_{入}}{\rho g}+\frac{u_{出}^2-u_{入}^2}{2g} \tag{3-42}$$

将测得的 $Z_{出}-Z_{入}$ 和 $p_{出}-p_{入}$ 值以及计算所得的 $u_{入}$、$u_{出}$ 代入式（3-42），即可求得 H。

（2）N 的测定　功率表测得的功率为电动机的输入功率。由于泵由电动机直接带动，传动效率可视为1，所以电动机的输出功率等于泵的轴功率。即：

泵的轴功率 N＝电动机的输出功率（kW）

电动机输出功率＝电动机输入功率×电动机效率

泵的轴功率＝功率表读数×电动机效率（kW）

（3）η 的测定

$$\eta=\frac{N_e}{N} \tag{3-43}$$

$$N_e=\frac{HQ\rho g}{1000}=\frac{HQ\rho}{102} \tag{3-44}$$

式中　η——泵的效率；

N——泵的轴功率，kW；

N_e——泵的有效功率，kW；

H——泵的扬程，m；

Q——泵的流量，m^3/s；

ρ——水的密度，kg/m^3。

4. 管路特性曲线的测定

当离心泵安装在特定的管路系统中工作时，实际的工作压头和流量不仅与离心泵本身的性能有关，还与管路特性有关，也就是说，在液体输送过程中，泵和管路二者相互制约。

管路特性曲线是指流体流经管路系统的流量与所需压头之间的关系。若将泵的特性曲线与管路特性曲线画在同一坐标图上，两曲线交点即为泵在该管路的工作点。因此，如同通过改变阀门开度来改变管路特性曲线，求出泵的特性曲线一样，可通过改变泵转速来改变泵的特性曲线，从而得出管路特性曲线。泵的压头 H 计算同上。

5. 流量计性能的测定

流体通过节流式流量计时在上、下游两取压口之间产生压力差，它与流量的关系为：

$$q_V=C_0A_0\sqrt{\frac{2(p_{上}-p_{下})}{\rho}} \tag{3-45}$$

式中　q_V——被测流体（水）的体积流量，m^3/s；

C_0——流量系数，无量纲；

A_0——流量计节流孔截面积，m^2；

$p_上-p_下$——流量计上、下游两取压口之间的压力差，Pa；

ρ——被测流体（水）的密度，kg/m^3。

用涡轮流量计作为标准流量计来测量流量 q_V，每一个流量在压差计上都有一对应的读数，将压差计读数 Δp 和流量 q_V 绘制成一条曲线，即流量标定曲线。同时利用式（3-45）整理数据可进一步得到 C_0-Re 关系曲线。

四、实验装置

1. 实验装置流程示意图

流动过程综合实验流程示意图如图 3-17 所示。

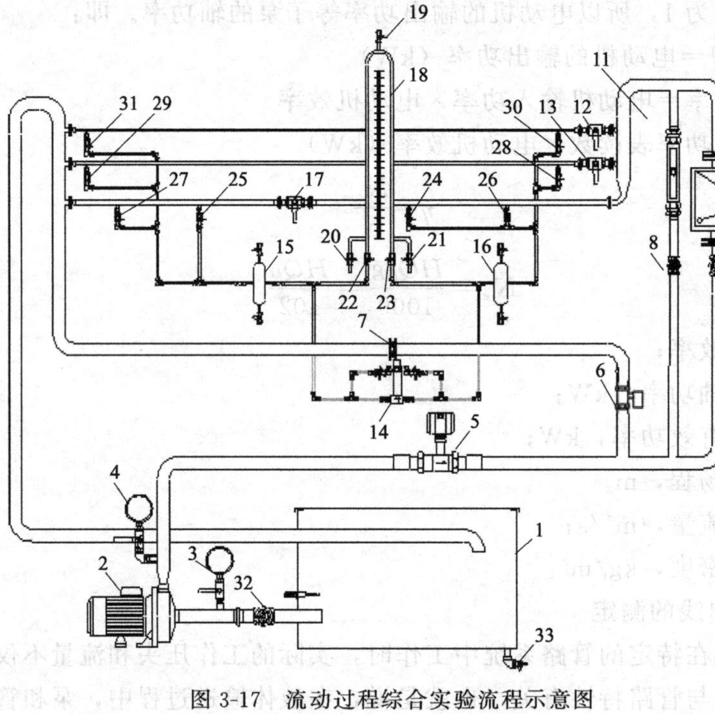

图 3-17　流动过程综合实验流程示意图

1—水箱；2—水泵；3—入口真空表；4—出口压力表；5—涡流流量计；6，8，9，12，13，17—阀门；7—孔板流量计；10—浮子流量计；11—转子流量计；14—压力传感器；15，16—缓冲罐；18—倒 U 形管；19—倒 U 形管放空阀；20，21—倒 U 形管排水阀；22，23—倒 U 形管平衡阀；24，25—测局部阻力近端阀；26，27—测局部阻力远端阀；28，29—粗糙管测压阀；30，31—光滑管测压阀；32—离心泵入口阀门；33—水箱排水阀

2. 实验设备主要技术参数

实验设备主要技术参数见表 3-2。

表 3-2　实验设备主要技术参数

序号	名称	规格	材料
1	玻璃转子流量计	LZB-25　100～1000 L/h VA10-15F　10～100 L/h	玻璃
2	差压传感器	型号 LXWY　　测量范围 0～200 kPa	不锈钢

续表

序号	名称	规格	材料
3	离心泵	型号 WB70/055	不锈钢
4	节流式流量计	喉径 0.020m	不锈钢
5	实验管路	管径 0.040m	不锈钢
6	真空表	测量范围－0.1～0 MPa　精度 1.5 级 真空表测压位置管内径 d_1＝0.040m	
7	压力表	测量范围 0～0.25 MPa　精度 1.5 级 压力表测压位置管内径 d_2＝0.040m	
8	涡轮流量计	型号 LWY-40 测量范围 0～20m³/h	
9	变频器	型号 E310-401-H3　规格：0～50Hz	

其他主要技术参数如下。

光滑管：管径 d＝0.008m；管长 L＝1.700m。

粗糙管：管径 d＝0.010m；管长 L＝1.700m。

真空表与压力表测压口之间的垂直距离 H_0＝0.245m。

3. 实验装置面板图

实验装置仪表面板图如图 3-18 所示。

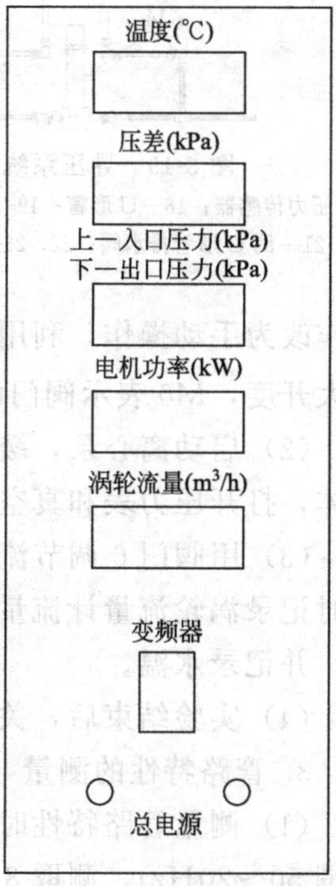

图 3-18　实验装置仪表面板图

五、实验步骤

1. 流体阻力测定

(1) 向水箱注水至 2/3 为止（最好使用蒸馏水，以保持流体清洁）。

(2) 光滑管阻力测定

① 关闭粗糙管路阀门 29、28、17，将光滑管路阀门 31、12、30 全开，在流量为零条件下，打开通向倒置 U 形管的进水阀 22、23，检查导压管内是否有气泡存在。若倒置 U 形管内液柱高度差不为零，则表明导压管内存在气泡。需要进行排气泡操作。导压系统如图 3-19 所示，操作方法如下。

加大流量，打开 U 形管进出水阀 22、23，使倒置 U 形管内液体充分流动，以排出管路内的气泡；若观察气泡已排净，将流量调节阀 9 关闭，U 形管进出水阀 22、23 关闭，慢慢旋开倒置 U 形管上部的放空阀 19 后，分别缓慢打开阀门 20、21，使液柱降至中点上下时马上关闭，管内形成气-水柱，此时管内液柱高度差不一定为零。然后关闭放空阀 19，打开 U 形管进出水阀 22、23，此时 U 形管两液柱的高度差应为零（1～2mm 的高度差可以忽略），如不为零则表明管路中仍有气泡存在，需要重复进行排气泡操作。

② 该装置两个转子流量计并联连接，根据流量大小选择不同量程的流量计测量流量。

③ 差压变送器与倒置 U 形管亦是并联连接，用于测量压差，小流量时用 U 形管压

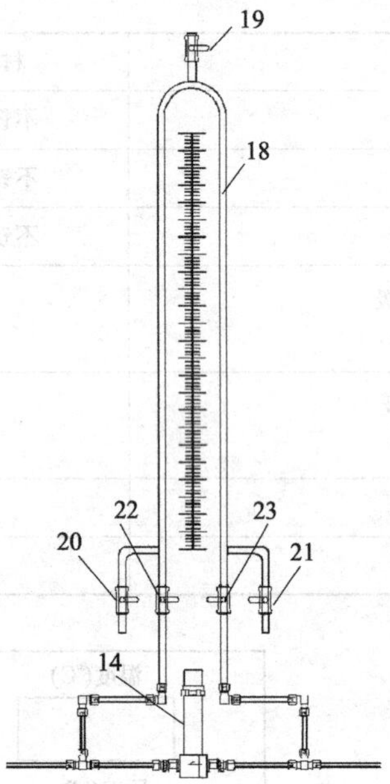

图 3-19 导压系统示意图

14—压力传感器；18—U形管；19—倒U形管放空阀；20，21—倒U形管排水阀；22，23—倒U形管平衡阀

差计测量，大流量时用差压变送器测量。应在最大流量和最小流量之间进行实验操作，一般测取15～20组数据。

注：在测大流量的压差时应关闭U形管的进出水阀22、23，防止水利用U形管形成回路影响实验数据。

(3) 粗糙管阻力测定 关闭光滑管阀，将粗糙管阀全开，从小流量到最大流量，测取15～20组数据。

(4) 测取水箱水温。待数据测量完毕，关闭流量调节阀，停泵。

(5) 粗糙管、局部阻力测量方法同上。

2. 流量计、离心泵性能测定

(1) 向储水槽内注入蒸馏水。检查流量调节阀6（轻按设置键仪表下端会出现A100，此时为自动操作状态，按仪表数据位移键仪表下端会出现M100，此时已将自动操作改为手动操作，利用数据加减键、调节到所需的阀门开度，M100为阀门最大开度，M0表示阀门已关闭）、压力表4及真空表3的开关是否关闭（应关闭）。

(2) 启动离心泵，缓慢打开调节阀6至全开。待系统内流体稳定，即系统内已没有气体，打开压力表和真空表的开关，方可测取数据。

(3) 用阀门6调节流量从流量为零至最大或流量从最大到零，测取10～15组数据，同时记录涡轮流量计流量、文丘里流量计的压差、泵入口压力、泵出口压力、功率表读数，并记录水温。

(4) 实验结束后，关闭流量调节阀，停泵，切断电源。

3. 管路特性的测量

(1) 测量管路特性时，先置流量调节阀6为某一开度，调节离心泵电机频率（调节范围50～20Hz），测取8～10组数据，同时记录电机频率、泵入口压力、泵出口压力、流量计读数，并记录水温。

(2) 实验结束后，关闭流量调节阀，停泵，切断电源。

4. 计算机操作

开机找到运行程序（图3-20）双击进入待机页面。

进入待机页面（图3-21）后等待3～5s，点击鼠标左键进入程序（图3-22）。

点击程序左上方实验内容选择所做实验（图3-23）进入采集界面。

以离心泵特性曲线操作实验为例：点击离心泵特性实验（图3-24）进入采集计算界面。

点击开度状态栏输入数字点击确定，等待3s左右后点击数据采集与计算键（见图3-25）。

图 3-20　运行程序

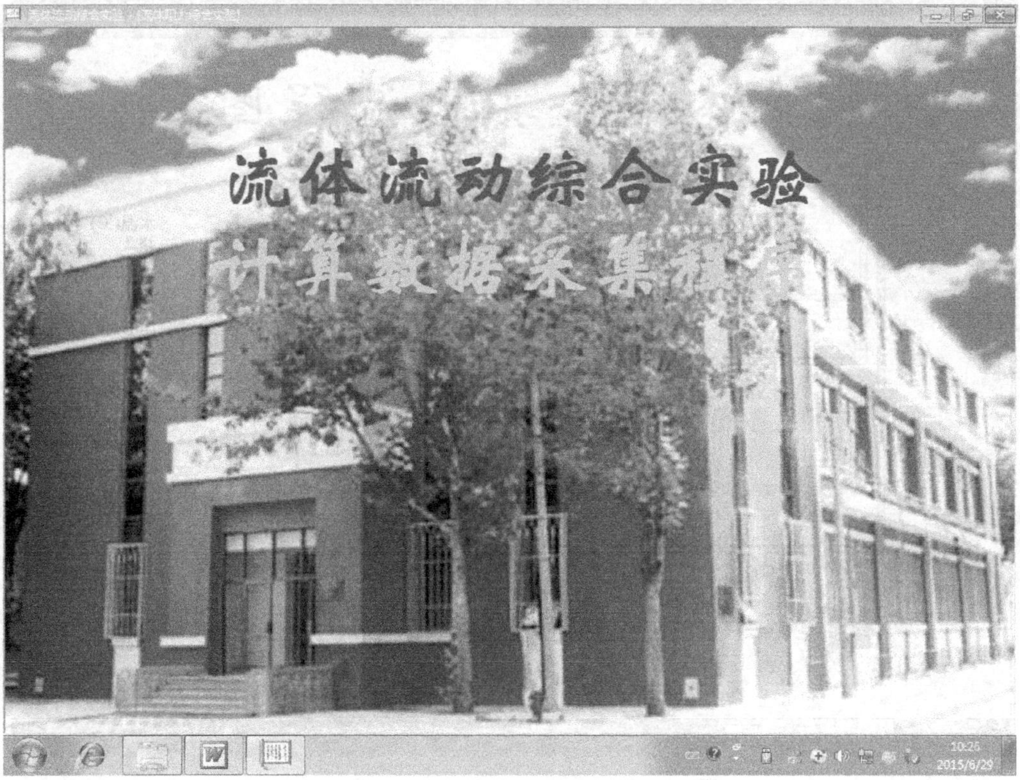

图 3-21　待机页面

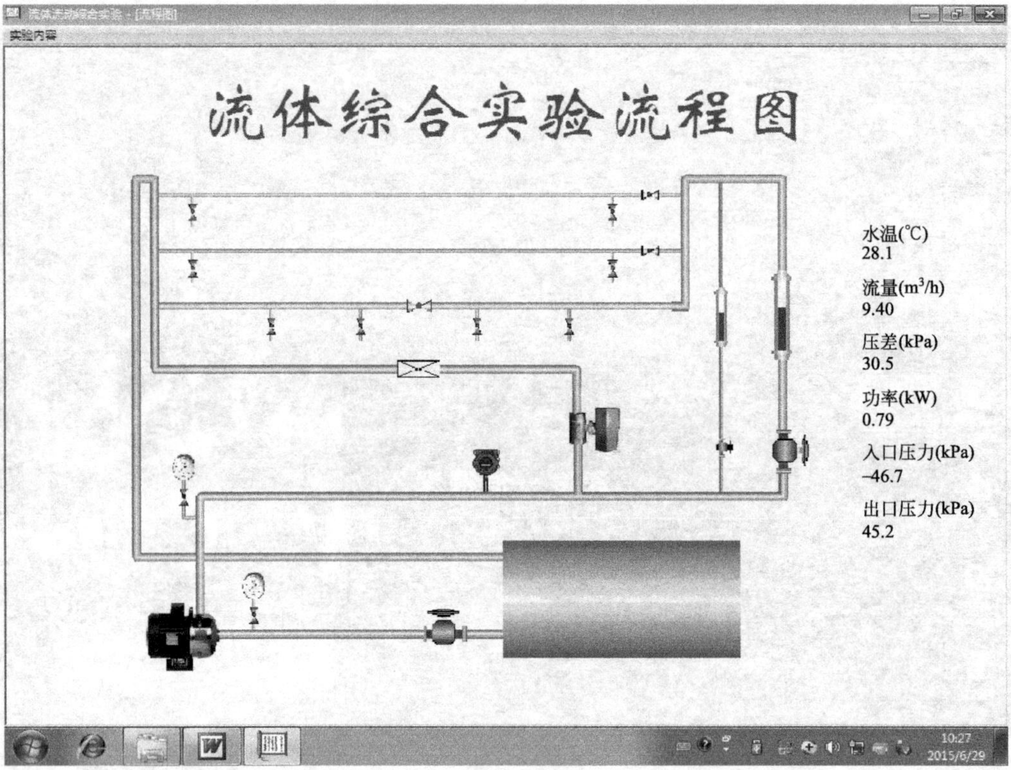

图 3-22　进入程序

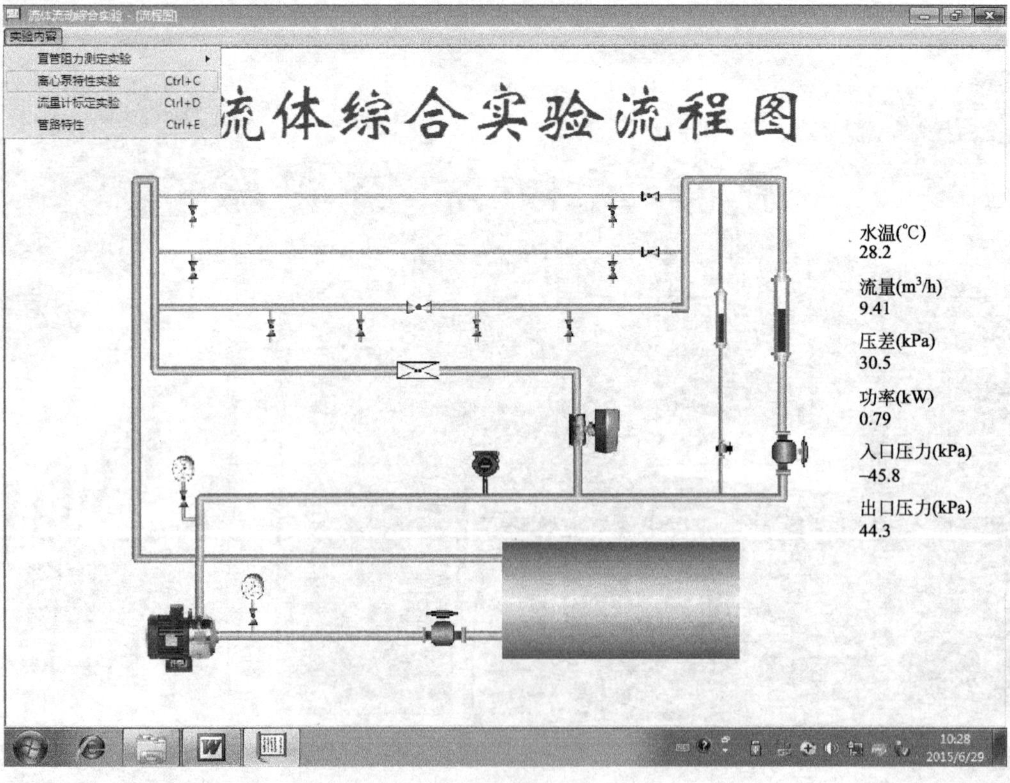

图 3-23　选择实验内容

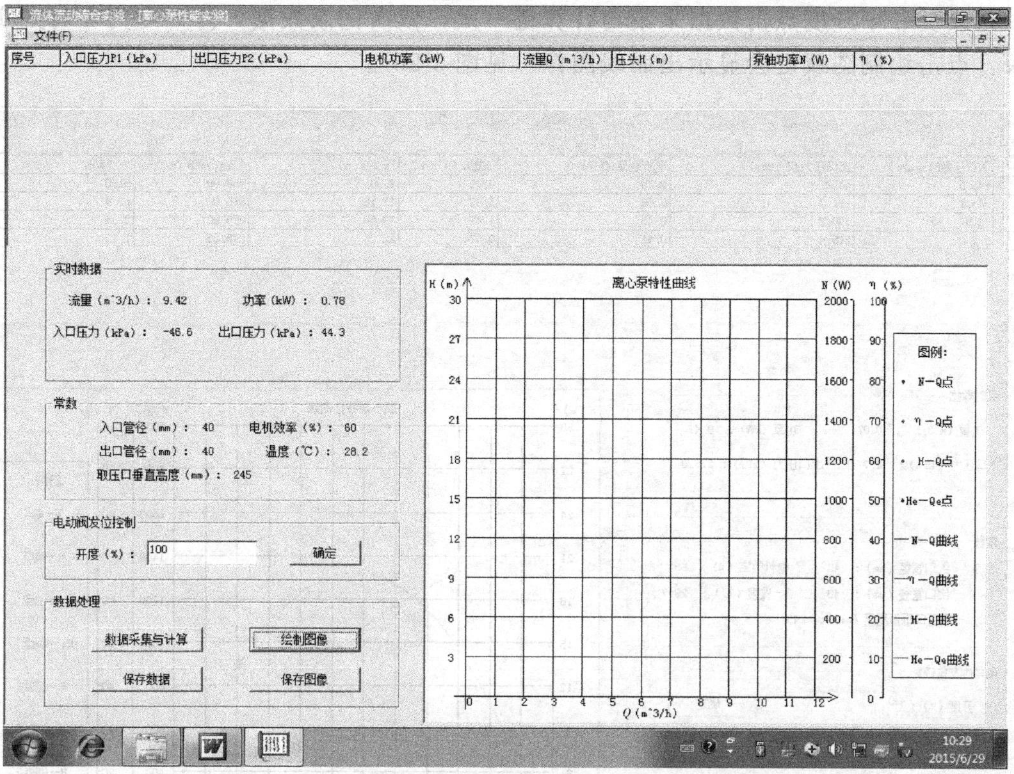

图 3-24　离心泵特性实验

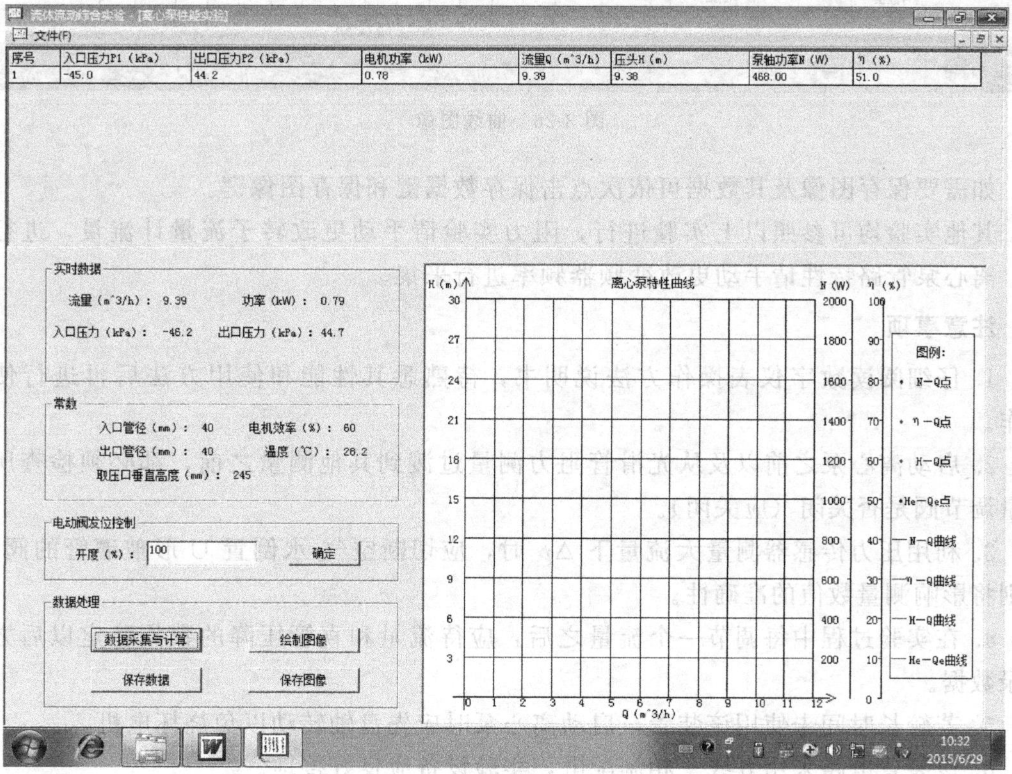

图 3-25　点击数据采集与计算

每改变一个开度点击数据采集与计算键一次，依次记录数据，待开度为 0 时则实验结束。点击绘制图线键会显示出曲线图像（见图 3-26）。

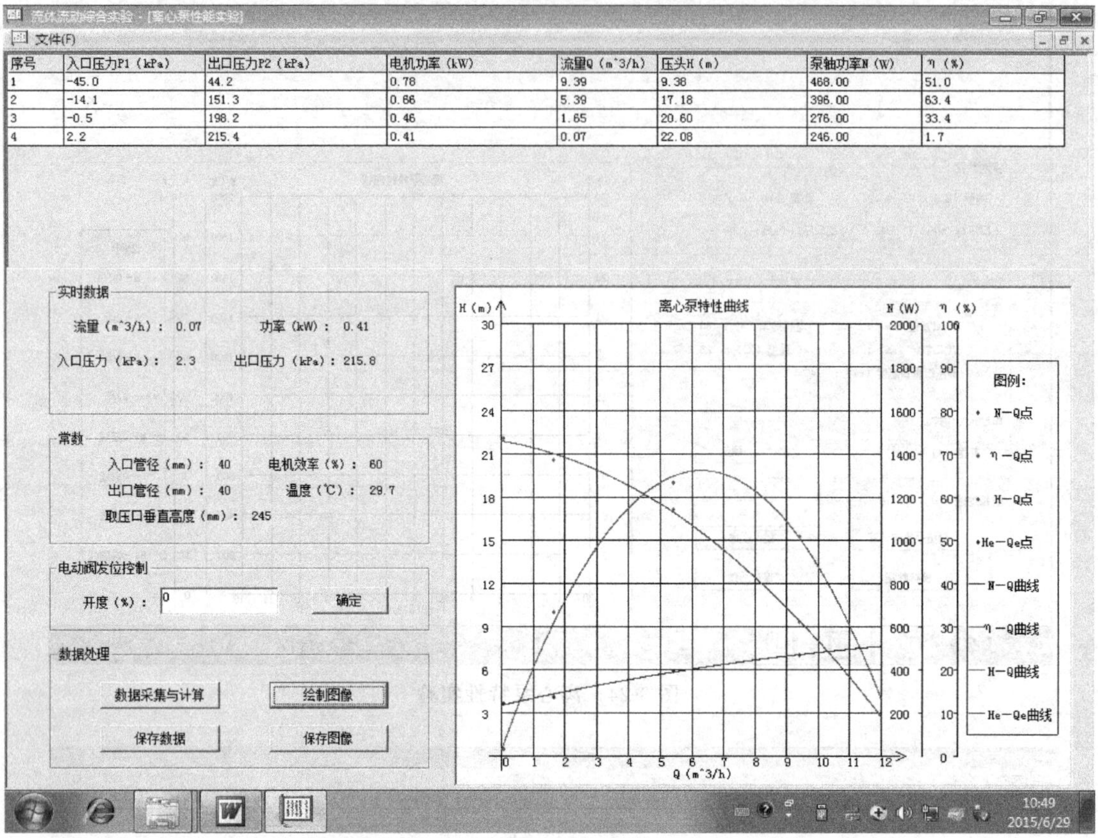

图 3-26　曲线图像

如需要保存图像及其数据可依次点击保存数据键和保存图像键。

其他实验均可参照以上实验进行，阻力实验请手动更改转子流量计流量，进行采集，离心泵管路特性请手动更改变频器频率进行采集。

六、注意事项

1. 仔细阅读数字仪表操作方法说明书，待熟悉其性能和使用方法后再进行使用操作。

2. 启动离心泵之前以及从光滑管阻力测量过渡到其他测量之前，都必须检查所有流量调节阀是否关闭（应关闭）。

3. 利用压力传感器测量大流量下 Δp 时，应切断空气-水倒置 U 形玻璃管的阀门，否则将影响测量数值的准确性。

4. 在实验过程中每调节一个流量之后，应待流量和直管压降的数据稳定以后方可记录数据。

5. 若较长时间未使用该装置，启动离心泵时应先盘轴转动以免烧坏电机。

6. 该装置电路采用五线三相制配电，实验设备应良好接地。

7. 启动离心泵前，必须关闭流量调节阀，关闭压力表和真空表的开关，以免损坏测量仪表，因阀门 32 为电动阀门，开泵前请将涡轮流量计仪表 M100 改成 M0。

8. 实验用水要用清洁的蒸馏水，以免影响涡轮流量计运行及其寿命。

实验 9　萃取塔（桨叶）实验装置

一、实验内容

1. 固定两相流量，测定桨叶不同转速下萃取塔的传质单元数 N_{OH}、传质单元高度 H_{OH} 及总传质单元系数 K_{YE}。

2. 通过实际操作练习，探索强化萃取塔传质效率的方法。

二、实验目的

1. 直观展示转盘萃取塔的基本结构以及实现萃取操作的基本流程；观察萃取塔内桨叶在不同转速下，分散相液滴变化情况和流动状态。

2. 练习并掌握转盘萃取塔性能的测定方法。

三、实验原理

对于液体混合物的分离，除可采用蒸馏方法外，还可采用萃取方法。即在液体混合物（原料液）中加入一种与其基本不相混溶的液体作为溶剂，利用原料液中的各组分在溶剂中溶解度的差异来分离液体混合物。此即液-液萃取，简称萃取。选用的溶剂称为萃取剂，以字母 S 表示，原料液中易溶于 S 的组分称为溶质，以字母 A 表示，原料液中难溶于 S 的组分称为原溶剂或稀释剂，以字母 B 表示。

萃取操作一般是将一定量的萃取剂和原料液同时加入萃取器中，在外力作用下充分混合，溶质通过相界面由原料液向萃取剂中扩散。两液相由于密度差而分层。一层以萃取剂 S 为主，溶有较多溶质，称为萃取相，用字母 E 表示；另一层以原溶剂 B 为主，且含有未被萃取完的溶质，称为萃余相，以 R 表示。萃取操作并未把原料液全部分离，而是将原来的液体混合物分为具有不同溶质组成的萃取相 E 和萃余相 R。通常萃取过程中一个液相为连续相；另一个液相以液滴的形式分散在连续的液相中，称为分散相。液滴表面积即为两相接触的传质面积。

本实验操作中，以水为萃取剂，从煤油中萃取苯甲酸。所以，水相为萃取相（又称为连续相、重相），用字母 E 表示，煤油相为萃余相（又称为分散相、轻相），用字母 R 表示。萃取过程中，苯甲酸部分地从萃余相转移至萃取相。

四、实验装置

1. 实验装置流程图

萃取塔实验装置示意图如图 3-27 所示。

本塔为桨叶式旋转萃取塔，塔身采用硬质硼硅酸盐玻璃管，塔顶和塔底玻璃管端扩口处，通过增强酚醛压塑法兰、橡皮圈、橡胶垫片与不锈钢法兰连接，密封性能好。塔内设有 16 个环形隔板，将塔身分为 15 段。相邻两隔板间距 40mm，每段中部位置设有在同轴上安装的由 3 片桨叶组成的搅动装置。搅拌转动轴底端装有轴承，顶端经轴承穿出塔外与安装在塔顶上的电机主轴相连。电动机为直流电动机，通过调压变压器改变电机电枢电压的方法做无级变速。操作时的转速控制由指示仪表给出相应的电压值来控

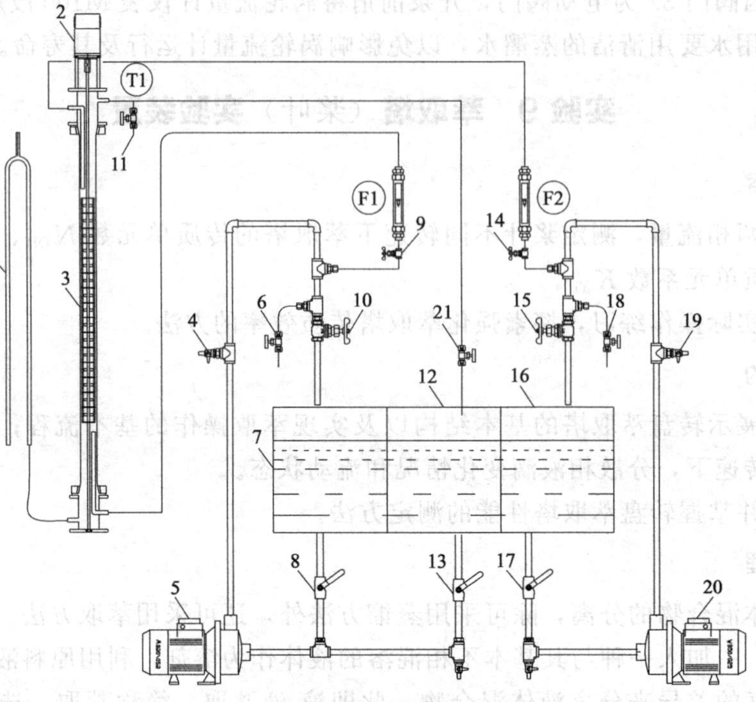

图 3-27 萃取塔实验装置示意图

1—π形管；2—电机；3—萃取塔；4—煤油放液阀；5—煤油泵；6，18—取样阀；7—煤油箱；8，13，17—球形阀；9，14—流量调节阀；10，15—回路调节阀；11—排空阀；12—煤油回收箱；16—水箱；19—水排液阀；20—水泵；21—阀门

制。塔下部和上部轻重两相的入口管分别在塔内向上或向下延伸约 200mm，分别形成两个分离段，轻重两相将在分离段内分离。萃取塔的有效高度 H 为轻相入口管管口到两相界面之间的距离。

本实验以水为萃取剂，从煤油中萃取苯甲酸。水相为萃取相（用字母 E 表示，本实验又称连续相、重相），煤油相为萃余相（用字母 R 表示，本实验中又称分散相、轻相）。轻相入口处，苯甲酸在煤油中的浓度应保持在 0.0015～0.0020kg 苯甲酸/kg 煤油之间为宜。轻相由塔底进入，作为分散相向上流动，经塔顶分离段分离后由塔顶流出；重相由塔顶进入作为连续相向下流动至塔底经 π 形管流出；轻重两相在塔内呈逆向流动。在萃取过程中，苯甲酸部分地从萃余相转移至萃取相。萃取相及萃余相进出口浓度由容量分析法测定。考虑水与煤油是完全不互溶的，且苯甲酸在两相中的浓度都很低，可认为在萃取过程中两相液体的体积流量不发生变化。

2. 实验装置主要技术参数

萃取塔的几何尺寸：塔径 $D=37$mm，塔身高度为 1000mm，萃取塔有效高度 $H=750$mm；

水泵、油泵：岳华牌不锈钢泵，型号 WD50/025，电压为 380V，功率为 250W，扬程为 10.5m；

转子流量计：采用不锈钢材质，型号 LZB-4，流量为 1～10L/h，精度为 1.5 级；

无级调速器：调速范围 0～800r/min，调速平稳。

3. 实验装置仪表面板图

实验设备面板见图 3-28。

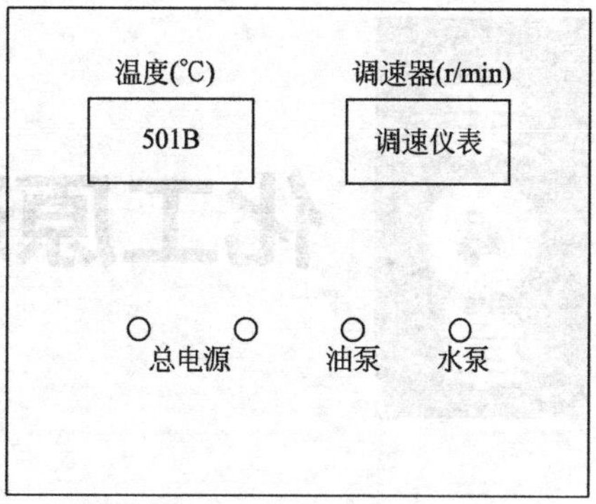

图 3-28　实验设备面板示意图

五、实验步骤

1. 首先在水箱内放满水，在最左边的储槽内放满配制好的轻相入口煤油，分别开动水相和煤油相送液泵的开关（run），打开两相回流阀，使其循环流动。

2. 全开水转子流量计调节阀，将重相（连续相）送入塔内。当塔内水面逐渐上升到重相入口与轻相出口之间的中点时，将水流量调至指定值（约 4L/h），并缓慢改变 π 形管高度，使塔内液位稳定在重相入口与轻相出口之间中点附近的位置上。

3. 将调速装置的旋钮调至零位，接通电源，开动电机，固定转速。调速时要缓慢升速。

4. 将轻相（分散相）流量调至指定值（约 6L/h），并注意及时调节 π 形管高度。在实验过程中，始终保持塔顶分离段两相的相界面位于重相入口与轻相出口之间中点附近。

5. 操作过程中，要绝对避免塔顶的两相界面过高或过低。若两相界面过高，到达轻相出口的高度，则将会导致重相混入轻相储罐。

6. 维持操作稳定半小时后，用锥形瓶收集轻相进、出口样品各约 50mL，重相出口样品约 100mL，准备分析浓度使用。

7. 取样后，改变桨叶转速，其他条件维持不变，进行第二个实验点的测试。

8. 用容量分析法分析样品浓度。具体方法如下：用移液管分别取煤油相 10mL、水相 25mL，以酚酞作指示剂，用 0.01 mol/L 左右的 NaOH 标准液滴定样品中的苯甲酸。在滴定煤油相时应在样品中加 10mL 纯净水，滴定中剧烈摇动至终点。

9. 实验完毕后，关闭两相流量计。将调速器调至零位，使搅拌轴停止转动，切断电源。滴定分析过的煤油应集中存放回收。洗净分析仪器，一切复原，注意保持实验台面整洁。

六、注意事项

1. 调节桨叶转速时一定要小心谨慎，慢慢升速，千万不能增速过猛使马达产生“飞转”损坏设备。最高转速机械上可达 600r/min。从流体力学性能考虑，若转速太高，容易液泛，操作不稳定。对于煤油-水-苯甲酸物系，建议在 500 r/min 以下操作。

2. 整个实验过程中，塔顶两相界面一定要控制在轻相出口和重相入口之间适中位置并保持不变。

3. 由于分散相和连续相在塔顶、塔底滞留量很大，改变操作条件后，稳定时间一定要足够长（半小时左右），否则误差会比较大。

4. 煤油的实际体积流量并不等于流量计指示的读数。需要用到煤油的实际流量数值时，必须用流量修正公式对流量计的读数进行修正。

5. 煤油流量不要太小或太大，太小会导致煤油出口的苯甲酸浓度过低，从而导致分析误差加大；太大会使煤油消耗量增加，经济上造成浪费。建议水流量控制在 4L/h 为宜。

第4章 化工原理演示及选修实验

实验1 流体的流动状态——雷诺实验

一、实验内容

1. 以红墨水为示踪剂，观察圆直玻璃管内水为工作流体时，流体做层流、过渡流、湍流时的各种流动形态。

2. 观察流体在圆直玻璃管内做层流流动的速度分布。

二、实验目的

1. 了解管内流体质点的运动方式，认识不同流动形态的特点，掌握判别流型的准则。

2. 观察圆直管内流体做层流、过渡流、湍流的流动形态。观察流体层流流动的速度分布。

三、实验原理

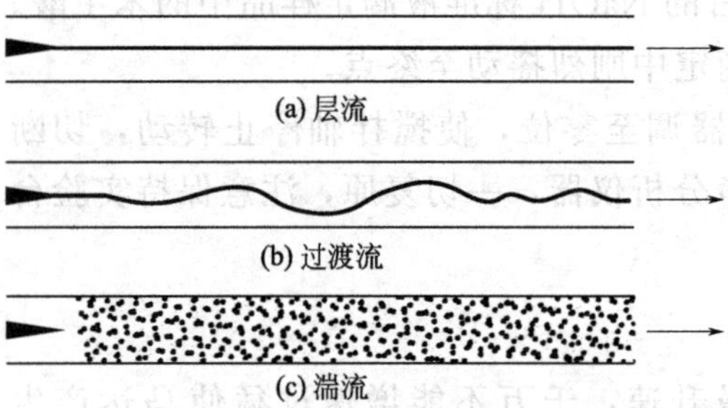

图 4-1 各种流体的流动状态

经过大量的实验观察，1880 年雷诺（Reynolds）发现流体在管道中流动时具有不同的流动状态。当流体的流速较低时，流体质点（微团）只沿管轴向流动，互不混合，称为层流（或滞流）；当流体的流速较高时，流体质点不仅沿管轴向流动而且还有径向流动，即流体质点在管轴向流动的同时，还做复杂的不规则运动，相互混合碰撞，称为湍流（或紊流）；介于层流和湍流之间的流动称为过渡流。各种流体的流动状态如图 4-1 所示。

雷诺准数是判断流动形态的准数，若流体在圆管内流动，则雷诺准数可用下式表示：

$$Re=\frac{du\rho}{\mu}$$

式中 d——管子内径，m；

u——流速，m/s；

ρ——流体密度，kg/m^3；

μ——流体黏度，Pa・s。

一般认为：Re＜2000 时，流动形态为滞流；Re＞4000 时，流动形态为湍流。Re

在两者之间有时为滞流，有时为湍流，和环境有关。

对于一定温度的流体在特定的圆管内流动，雷诺准数仅与流速有关，本实验是改变水在管内的流速，观察在不同雷诺数下流体流型的变化。

四、实验装置

演示装置如图 4-2 所示，主要由有色液体储瓶、储水槽、水平圆形直管及转子流量计组成。

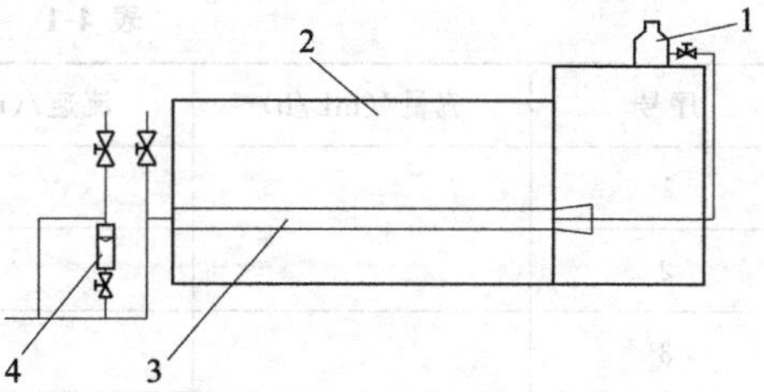

图 4-2　雷诺实验装置

1—储瓶；2—储水槽；

3—水平圆形直管（有机玻璃）；4—转子流量计

水自储水槽进入水平圆形直管，由管道的出口阀控制流量的大小。红墨水自储瓶引出注入管道中心轴线处。当调节阀门使管道中的流量从小到大变化时，就会出现红墨水在管道中呈现出如图 4-1 所示的三种状态。

五、实验步骤

1. 实验前的准备工作

(1) 实验前应仔细调整示踪剂注入管的位置，使其处于实验管道的中心线上。

(2) 向红墨水储瓶中加入适量稀释过的红墨水，作为实验用的示踪剂。

(3) 关闭流量调节阀，打开进水阀，使水充满水槽并有一定的溢流，以保证水槽内的液位。

(4) 排除红墨水注入管中的气泡，使红墨水全部充满细管道中。

2. 雷诺实验过程

(1) 调节进水阀，维持尽可能小的溢流量。轻轻打开流量调节阀，让水缓慢流过实验管道。

(2) 缓慢且适度地打开红墨水流量调节阀，即可看到当前水流量下实验管内水的流动状况［层流流动如图 4-1（a）所示］。用体积法（秒表计量时间、量筒测量出水体积）可测得水的流量并计算出雷诺数。因进水和溢流造成的震动，有时会使实验管道中的红墨水流束偏离管道中心线或发生不同程度的摆动，此时，可暂时关闭进水阀，过一会儿，即可看到红墨水流束会重新回到实验管道的中心线。

(3) 逐步增大进水阀和流量调节阀的开度，在维持尽可能小的溢流量的情况下提高实验管道中的水流量，观察实验管道内水的流动状况。同时，用体积法测定流量并计算出雷诺准数。

3. 流体在圆管内流动速度分布演示实验

首先将进口阀打开，关闭流量调节阀。打开红墨水流量调节阀，使少量红墨水流入不流动的实验管入口端。再突然打开流量调节阀，在实验管路中可以清晰地看到红墨水流动所形成的速度分布。

4. 实验结束时的操作

(1) 关闭红墨水流量调节阀。

(2) 关闭进水阀，使自来水停止流入水槽。

(3) 待实验管道冲洗干净，水中的红色消失时，关闭流量调节阀。

(4) 若日后较长时间不用，请将装置内各处的存水放净。

六、数据记录及处理

实验数据记录见表 4-1。

表 4-1　实验记录（水温　℃）

序号	流量/(mL/h)	流速/(m/s)	$Re\times10^3$	现象
1				
2				
3				
4				
5				

七、注意事项

做层流流动时，为了使层流状况能较快地形成，而且能够保持稳定，要注意：第一，水槽的溢流应尽可能小。因为溢流大时，上水的流量也大，上水和溢流两者造成的震动都比较大，影响实验结果。第二，应尽量不要人为地使实验装置产生任何震动。为减小震动，若条件允许，可对实验架进行固定。

八、思考题

1. 若红墨水注入管不设在实验管中心，能得到实验预期的结果吗？
2. 如何计算某一流量下的雷诺数？用雷诺数判别流型的标准是什么？
3. 层流和湍流的本质区别在于流体质点的运动方式不同，试述两者的运动方式。
4. 解释“层流内层”和“湍流主体”的概念。

实验 2　旋风分离器

一、实验目的

观察旋风分离器分离气、固混合物的现象，了解旋风分离器的结构及工作原理。

二、实验原理

旋风分离器主体上部是圆桶形，下部是圆锥形，含尘气体从旋风分离器的进气管沿切线方向进入分离器内做旋转运动，尘粒受到离心力作用而被甩向器壁，再经圆锥筒落入灰斗。干净的气体则由中心上行自排气管排出，从而达到分离的目的。

三、实验装置

旋风分离器如图 4-3 所示。

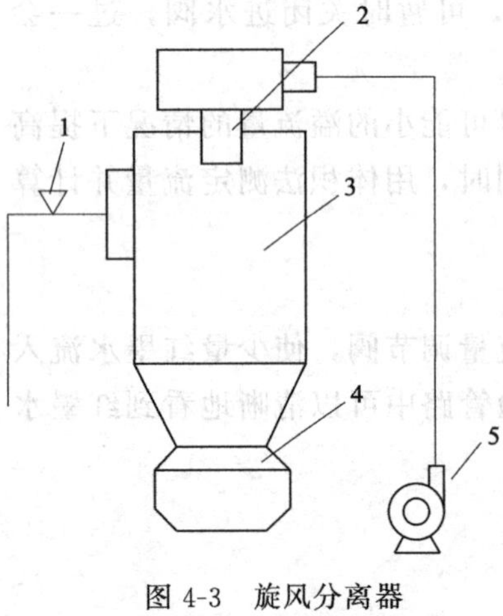

图 4-3　旋风分离器

1—加料斗；2—升气管；3—分离器；4—集尘斗；5—风机

四、实验步骤

1. 在加料斗中加入一些黑煤粉。合上风机电闸。

2. 慢慢打开处于风机上的风量控制阀，观察在不同风量下分离器内的外旋涡和内旋涡。

实验 3　塔板流体力学性能测定实验

一、实验目的

1. 观察和分析塔板上气液两相接触情况，掌握塔板流体力学的一般规律。

2. 塔板的流体力学性能（单板压降、雾沫夹带量、泡沫层高度、清液层高度等）测定方法。

3. 了解筛板、浮阀、泡罩及舌形塔板的结构。

二、实验原理

塔板上气液接触，塔内气液流动，都与塔板上的流体力学有关。为了研究塔板上流体力学，一般用空气-水体系，在塔板的冷模装置上进行实验，观察塔板上气液的接触情况。当塔板操作时，液体从上层塔板经降液管流到下一层塔板；而气体由于压差的作用从下一层塔板经筛孔（或阀孔、舌孔、升气管）上升穿过液层形成错流，在塔板上气液两相进行传质传热。

气液两相接触的过程中，随着气流速度的变化，大致有三种状态。

第一种：鼓泡接触状态。当气流速度很低时，气体通过筛孔时断裂成气泡在板上液层中浮升，这时形成的气液混合物基本上以液体为主，板上有明显的清液层，气液两相在气泡表面进行传质传热，气泡占的比例较少，气液接触面积不大，气泡表面的湍动程度也较小，故传质阻力较大。在鼓泡接触状态，液体为连续相，气体为分散相。

第二种：泡沫接触状态。随着气流速度的增大，板上产生的气泡数量急剧增加，气泡表面连成一片并不断发生破裂和合并，此时板上液体大部分以液膜形式存在于气泡之间，清液层变薄，气液两相的传质面为很大的液膜。由于塔板上有这种高度湍动的泡沫层，从而为气液两相传质传热创造良好的流体力学条件。在泡沫接触状态，液体为连续相，气体为分散相。

第三种：喷射接触状态。当流速很高时，气体的动能很大，气体从筛孔喷出穿过液层，将塔板上的液体破碎成许多液滴并抛到塔板上方的空间，气液两相在液滴表面进行传质传热。在喷射杰出状态下，气流速度很大，液体分散较好，对传质传热有利，但产生过量液沫夹带，会影响和破坏传质过程。在这种情况下，液体为分散相，气体为连续相。

1. 塔板上的不正常操作现象

（1）漏液现象　当塔板在气速很低的条件下操作时，气体通过塔板为克服开孔处的液体表面张力以及液层摩擦阻力所形成的压力降不能抵消塔板上液层的重力，因此液体会穿过塔板上的开孔往下漏，即产生漏液现象。

波纹筛板是一种改进型的筛板，它在普通筛板的基础上采取了改进措施，将塔板压制成波纹状。

（2）过量液沫夹带　当塔内气速较大，气体将大量的液体带至上一层塔板上，引起浓度返混现象，而被带上的液体还是要通过降液管流回到下一层塔板上，从而增大了降液管的负荷，则降液管内的液位会不断升高，最后可能导致液泛。

（3）液泛现象　当塔板上液体量很大，上升气体速度很高，塔板压降很大时，液体来不及从降液管向下流动，于是液体在塔板上不断积累，液层不断上升，使整个塔板空间都充满气液混合物，称液泛现象。液泛发生后完全破坏了气液的逆流操作，使塔失去分离效果。

在液泛开始时，塔内压力降急剧增大，效率急剧减小，最后导致全塔操作无法进行。

2. 筛板塔的流体力学性能

（1）压力降　是板式塔一项重要的流体力学性能，它关系到塔板上蒸汽的分布，塔底操作压力的确定。热敏性物料的减压精馏塔板压降的大小往往是选择板型的主要依据。

（2）清液高度和泡沫高度　清液高度和泡沫高度，直接关系到塔板的压降、雾沫夹带和泄漏。此外清液高度和泡沫高度代表液气的持留量，很大程度上决定气液的接触时间，是关系到传质效果的物理量。

（3）雾沫夹带　板上上升气流将下层塔板的部分液滴带至上一层塔板上称为雾沫夹带。雾沫夹带会降低传质效果。雾沫夹带量受气速、液体表面张力、板间距的影响。为保证一定的板效率，雾沫夹带控制在 0.1 kg 液/kg 气以下。

三、实验装置

1. 实验装置与流程

实验装置与流程如图 4-4 所示。

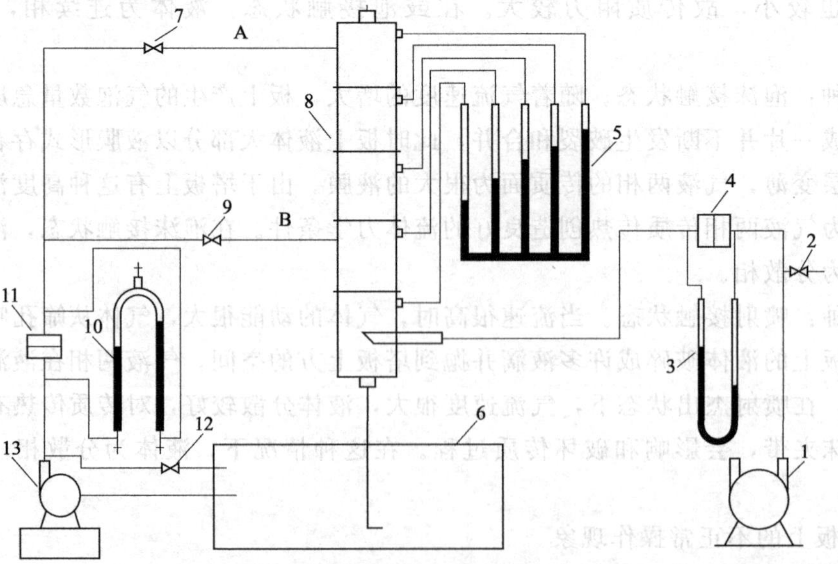

图 4-4　塔板流体力学性能测定装置示意图

1—风机；2—空气流量调节阀；3—U 形管压差计；4—空气孔板流量计；5—板压降 U 形管压差计；6—水箱；7,9—旋塞；8—板式塔；10—倒 U 形管压差计；11—水孔板流量计；12—水流量调节阀；13—水泵

实验装置及流程如图4-4所示，空气由风机经过孔板流量计计量后输送到板式塔塔底，板式塔由下向上的塔板依次是筛板、浮阀、泡罩和舌形塔板。

液体则由离心泵经过孔板流量计计量后由塔顶进入塔内并与空气进行接触，由塔底流回水箱内。

2. 设备主要技术参数

板式塔：塔高为900mm，塔径为ϕ100mm×5.5mm，材料为有机玻璃，板间距为150mm。空气孔板流量计孔径为12mm，水孔板流量计孔径为6mm。

四、实验步骤

1. 向水槽内放入一定量的水，将空气流量调节阀开到最大位置，将离心泵流量调节阀关闭。
2. 风机改变空气流量分别测定四块塔板的干板阻力与气速关系。
3. 改变空气、液体流量用观察法测出筛板的操作负荷性能图。
4. 分别改变空气流量测定其四块塔板，同时观察实验现象。
5. 实验结束时先关闭水流量，待塔内液体大部分流回到塔底时关闭风机。

五、数据记录及处理

1. 将实验步骤2、3、4的数据作图。可得干板压降、顶板压降与空塔气速关系图，清液层、泡沫层、雾沫夹带量与空塔气速关系。
2. 将塔板压降、清液高度、泡沫高度、雾沫夹带量与喷淋密度作图，可得塔板压降、清液层、泡沫层、雾沫夹带量与喷淋密度关系。

六、思考题

描述塔板上气液两相接触情况，指出塔板适宜工作区。讨论各个曲线因变量随自变量变化的关系。

实验4　孔板流量计的校正

一、实验内容

1. 测定孔板流量计的孔流系数。
2. 观察孔流系数的变化规律。
3. 测定孔板流量计的永久压力损失。

二、实验目的

1. 熟悉孔板流量计的构造、性能及使用方法。
2. 学会流量计流量校正（或标定）的方法。
3. 通过孔板流量计孔流系数的测定，了解孔流系数的变化规律。

三、实验原理

本实验用的孔板流量计如图4-5（a）所示，是在管道法兰间装有一中心开孔的铜板。我们可用流体流动规律导出孔板流量计的计算模型。

当流体通过孔板时，因流道缩小使流速增加，降低了势能，流体流过孔板后，由于

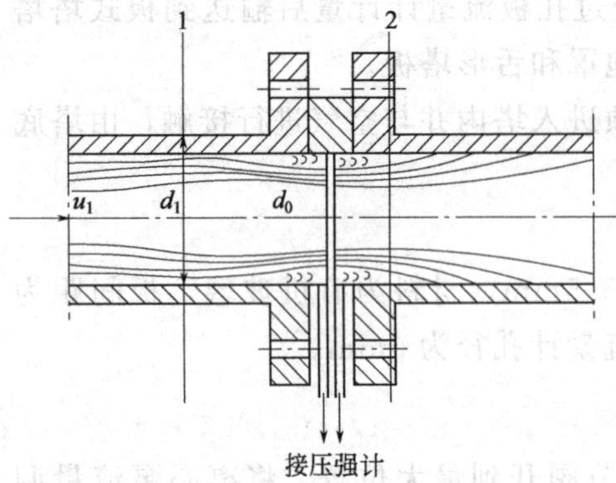

图 4-5 孔板流量计

惯性，实际流道将继续缩小至截面 2 为止，形成一缩脉（即流动截面最小处），此处流速最大，引起的静压降也最大。截面 1 和截面 2 可认为是均匀流。暂时不计阻力损失，在此两截面间列伯努利方程，得

$$\frac{p_1}{\rho}+gz_1+\frac{u_1^2}{2}=\frac{p_2}{\rho}+gz_2+\frac{u_2^2}{2} \tag{4-1}$$

$$\frac{p_1}{\rho}+\frac{u_1^2}{2}=\frac{p_2}{\rho}+\frac{u_2^2}{2} \tag{4-2}$$

$$\sqrt{u_2^2-u_1^2}=\sqrt{\frac{2(p_1-p_2)}{\rho}} \tag{4-3}$$

由于缩脉处（即截面 2）的截面积 A_2 无法知道，但孔口的大小是知道的，因此工程上以孔口速度 u_0 代替式（4-3）中的 u_2，同时，两测压孔的位置也不在截面 1 和截面 2 处，而且实际流体流过孔口时有阻力损失，实际所测得静压能差不会恰巧是 $(p_1-p_2)/\rho$，因此引入一校正系数 C 来校正上述各因素的影响，则式（4-3）变为

$$\sqrt{u_2^2-u_1^2}=C\sqrt{\frac{2(p_1-p_2)}{\rho}} \tag{4-4}$$

按质量守恒 $u_1A_1=u_0A_0$

$$令\ m=\frac{A_0}{A_1}，得\ u_1=mu_0 \tag{4-5}$$

$$p_1-p_2=Rg(\rho_i-\rho) \tag{4-6}$$

将式（4-5）和式（4-6）代入式（4-4）可得

$$u_0=\frac{C}{\sqrt{1-m^2}}\sqrt{\frac{2gR(\rho_i-\rho)}{\rho}} \tag{4-7}$$

$$u_0=C_0\sqrt{\frac{2gR(\rho_i-\rho)}{\rho}} \tag{4-8}$$

$$式中\quad C_0=\frac{C}{\sqrt{1-m^2}} \tag{4-9}$$

C_0 称为孔板的流量系数。于是，孔板的流量计算式为

$$q_V=C_0A_0\sqrt{\frac{2gR(\rho_i-\rho)}{\rho}} \tag{4-10}$$

流量系数 C_0 的数值只能通过实验求得。C_0 主要取决于管道流动的雷诺数 Re_d 和面积比 m，测压方式、孔口形状、加工光洁度、孔板厚度和管道粗糙度也对流量系数 C_0 有影响。测压方式、结构尺寸、加工状况等均已规定的标准孔板，流量系数 C_0 可以表示成

$$C_0=f(Re_d,m) \tag{4-11}$$

式中，Re_d 是以管径计算的雷诺数，$Re_d=\dfrac{d_1u_1\rho}{\mu}$。

孔板流量计的缺点是阻力损失大，流体流过孔板流量计，由于流体与孔板有摩擦，流道突然收缩和扩大，形成涡流产生阻力，使部分压力损失，因此流体流过流量计后压力不能完全恢复，这种损失称为永久压力损失（局部阻力损失）。流量计的永久压力损失可以用实验方法测出。如图 4-6 所示，实验中测定 3、4 两个截面的压力差，即为永久压力损失。对孔板流量计，测定孔板前为 d_1 的地方和孔板后 $6d_1$ 的地方两个截面压差。

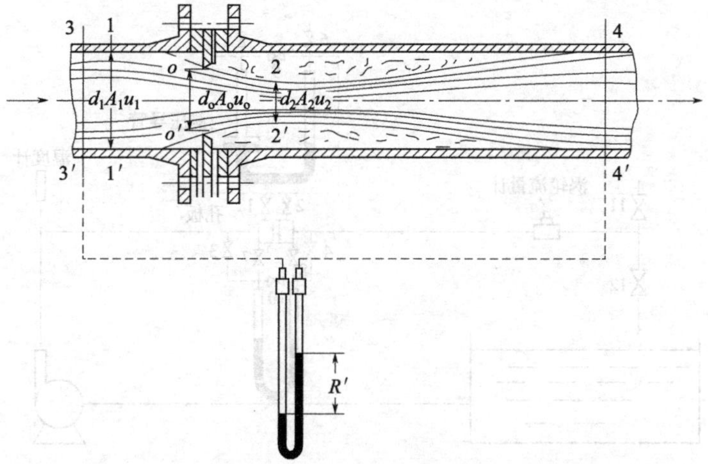

图 4-6　局部阻力测量示意图

孔板流量计的局部阻力损失 h_f 可写成

$$h_f=\zeta\frac{u_0^2}{2}=\zeta C_0^2\frac{Rg(\rho_i-\rho)}{\rho} \tag{4-12}$$

其中 $$h_f=\frac{p_3-p_4}{\rho}=\frac{R'g\ (\rho_i-\rho)}{\rho}$$

式 (4-12) 表明阻力损失正比于压差计读数 R，说明读数 R 是以机械能损失为代价取得的。缩口越小，孔口速度 u_0 越大，读数 R 越大，阻力损失也越大。因此选用孔板流量计的中心问题是选择适当的面积比 m 以期兼顾读数和阻力损失。

工厂生产的流量计大都是按标准规范生产的。出厂时一般都在标准技术状况下以水或空气为介质进行标定，给出流量曲线或按规定的流量计算公式给出指定的流量系数，然而在使用时，往往由于所处温度、压力、介质的性质同标定时不同，因此为了测定准确和使用方便，应在现场进行流量计的校正。即使已校正过的流量计，由于长期使用而受磨损，也需要再一次校正。

四、实验装置

本实验装置如图 4-7 所示，由循环水箱、供水泵、管道、被校流量计、基准流量计、调节阀门组成。

本实验物料为水，由供水离心泵提供并循环使用，为了防止脏物堵塞测压孔和卡住流量仪表，一般要求在水进入测试系统前加设滤网过滤。

本实验采用 0.5 级的涡轮流量计作为被校流量计的基准流量计，安装涡轮流量计时要求其前后有一定的直管稳定段，水平安装。被校的孔板或文丘里流量计上游必须有$30d_{内}$～$50d_{内}$的直管段，下游必须有大于$5d_{内}$～$8d_{内}$的直管段。静能差取压方法采用法兰取压法。永久压头取压点上游离孔板端面$3d_{内}$～$5d_{内}$，下游距孔板端面$8d_{内}$。装置采用出口控制阀门调节流量，以保证测试系统的满灌，为了管道的排气，在其最高处装设放气阀（或旋塞）。一般还需装设温度计以测量水温。孔口（或喉径）尺寸、管道直径$d_{内}$和安装流程，在实验现场具体了解。

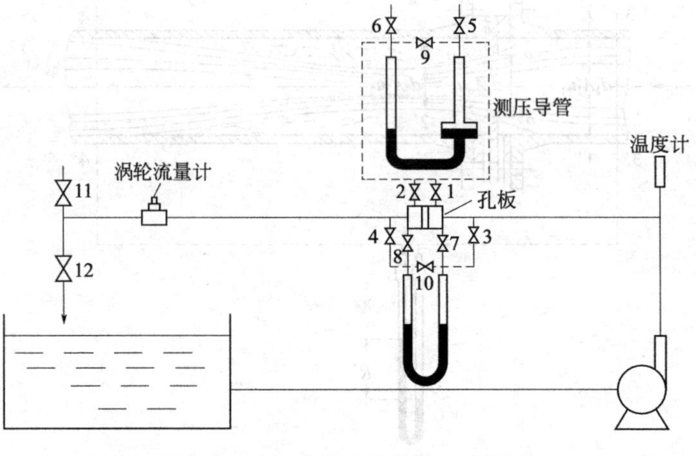

图 4-7　孔板流量计的校核实验装置

1，2，3，4—测压阀；5，6，7，8，11—放气阀；9，10—平衡阀；12—流量调节阀

五、实验要求

1. 根据实验内容的要求和流程，拟订实验步骤。

2. 根据流量范围和流动类型划分，大致确定实验点的分布。

3. 经指导教师同意后，可以开始按拟订步骤进行实验操作。先排气，再测定数据。

4. 在获取必要数据后，经指导教师检查同意方可停止操作。将装置恢复到实验前的状态，做好清洁工作。

六、实验步骤

1. 熟悉实验装置及流程。观察U形压差计与实验管道和孔板流量计测压接头的连接及位置。弄清楚排气及平衡旋塞的作用和使用方法。

2. 打开U形压差计上的平衡阀及相应的测压阀，关闭排气旋塞和管路出口阀。

3. 启动水泵（注意在泵出口阀关阀的情况下，泵转动不可过久，以防其发热损坏）。

4. 系统排气

慢慢打开出口阀，让水流入实验管道和测压导管，排出管道和测压导管中的气体。排气时可以反复调节泵的出口阀和有关管道上的其他阀门，使积存在系统中的气体全部被流动的水带出。

(1) 总管排气　先将控制阀全开然后再关闭，重复三次，目的是使总管中的大部分气体被排走。

(2) 引压管排气　依次分别对每个放气阀开、关，重复三次。

(3) U 形压差计排气　关闭平衡阀，依次分别打开两个放气阀，此时眼睛要注视着 U 形压差计中的指示剂液面，防止指示液冲出，开、关重复三次

(4) 检验排气是否彻底是将控制阀开至最大，再关至为零，看 U 形压差计读数，若左右读数相等，则判断系统排气彻底；若左右读数不等，则重复上述 (2)、(3) 步骤。

5. 确认系统中的气体被排净后，关闭平衡阀，准备测取数据。用管路出口阀调节流量，注意阀门的开度，在最大流量范围要合理分割流量，进行实验布点。测量完成后，打开各测压计的平衡阀。

6. 实验结束后，关闭泵的出口阀，停泵。请指导教师检查实验数据，通过后停止实验，将装置恢复到实验前的状态，做好清洁工作。

七、注意事项

1. 在排气和使用时要特别注意开关顺序，操作失误可能发生冲走水银的事故。

2. 实验开始与结束后，都应关闭泵的出口阀，检查各压差计两管读数是否相等，若不相等是排气过程气泡没排净或实验过程有气泡进入测量系统。

3. 实验时需缓慢开、关出口阀，避免因流量剧烈波动，使压差计中的指示液冲出。

4. 改变流量后需等流量稳定后再测量数据。

5. 实验布点

由于 C_0 在充分湍流区时，C_0-Re 的关系是水平直线，所以在大流量时少布点，而 Re 在比较小时，C_0-Re 的关系是曲线，所以小流量时多布点。先将控制阀开至最大，读取流量显示仪读数 $F_{大}$，然后关至水银压差计差值约 0.10 时，再读取流量显示仪读数 $F_{小}$，在 $F_{小}$ 和 $F_{大}$ 两个读数之间布 10～12 个点。

6. 若发现流量显示仪读数达不到零，可采用将调节阀开至最大，再快速关闭调节阀，流量显示仪读数将为零，可能此读数不久还会上升，仍为正常现象，上升的数据不采集，以零计。此时其余的仪表读数不随显示仪读数而变。

八、实验报告要求

1. 将实验数据和整理结果以数据表格列出，并以其中一组数据计算举例。

2. 在半对数坐标纸上作出孔流系数和雷诺数的关系曲线。

3. 在对数坐标纸上绘出永久压力损失和流速的关系曲线。

九、思考题

1. 流量计的孔流系数 C_0 与哪些参数有关？这些参数对孔流系数 C_0 有何影响？

2. 为什么测试系统要排气？如何正确排气？

3. 为什么速度式流量计安装时，要求其前后有一定的直管稳定段？

4. 实验管路及导压管中如果积存有空气，为什么要排除？

5. 标绘 C_0-Re 关系曲线、C_V-Re 关系曲线时选择什么样的坐标纸？你从所标绘的

曲线，得出什么结论？

6. U形管压差计上装设的平衡阀有何作用？在什么情况下应打开？在什么情况下应该关闭？

实验5 喷雾干燥实验

一、实验内容

选择适当物料进行干燥操作，将干燥物料配制成一定浓度的料浆，通过蠕动泵控制浆料的进料量，在一定温度下使料浆在喷雾干燥室内干燥，得到粒径一定的固料。

二、实验目的

1. 了解喷雾干燥流程的基本组成及工艺特点、主要设备的结构及工作原理，掌握其实验装置的操作方法。

2. 通过喷雾干燥操作，充分体会其干燥速率快、干燥时间短，尤其适用于热敏物料的处理以及处理其他方法难于处理的低浓度溶液的特点，了解喷雾干燥的适用领域。

三、实验原理

喷雾干燥器是将溶液、料浆或悬浮液通过喷雾器分散成雾状细滴，这些细滴与热气流以并流、逆流或混合流的方式相互接触，使物料间的水分瞬间脱水得到粉状或球状的颗粒。这种干燥方法不需要将原料预先进行机械分离，且干燥时间很短，因此特别适用于热敏性物料的干燥。料浆雾化是完成该操作的最基本条件，一般依靠喷雾器来完成，本实验采用气流式喷雾器，用高速气流使物料经过喷嘴成雾滴而喷出。干燥室（喷雾室）采用塔式。本实验流程是料浆用蠕动泵压至喷嘴，经喷嘴喷成雾滴而分散在热气流中，雾滴中的水分迅速汽化，成为微粒落至塔底，产品由风机吸至旋风分离器中而被回收。

四、实验装置

1. 实验设备主要技术参数

喷雾干燥器：塔式干燥器，主体不锈钢，带有玻璃视窗；

干燥器：ϕ200mm×2.5mm，总高度750mm；

喷雾器：气流式喷雾器，旋风分离器；

被干燥物料：选用洗衣粉，粒径1.0～1.6mm；

空气流量测定：转子流量计，LZB-40，6～60m^3/h；

风机：采用旋涡式气泵，型号XGB-12；

数字温度显示仪：宇电501B、519BG，规格0～550℃；

空气预热器：7.5kW；

蠕动泵：BT100-2J。

2. 实验设备流程示意图、面板示意图

实验装置流程和面板如图4-8和图4-9所示。

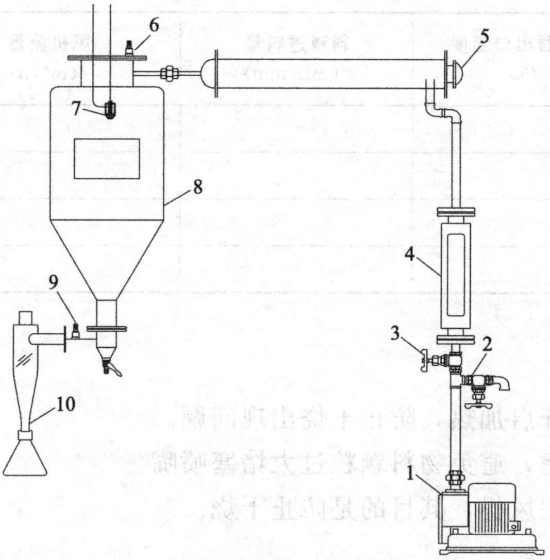

图 4-8　喷雾干燥实验装置流程图

1—风机；2—空气旁路调节阀；3—空气流量调节阀；
4—空气转子流量计；5—空气换热器；6—空气进口测温；
7—喷雾器；8—干燥室；9—空气出口测温；10—旋风分离器

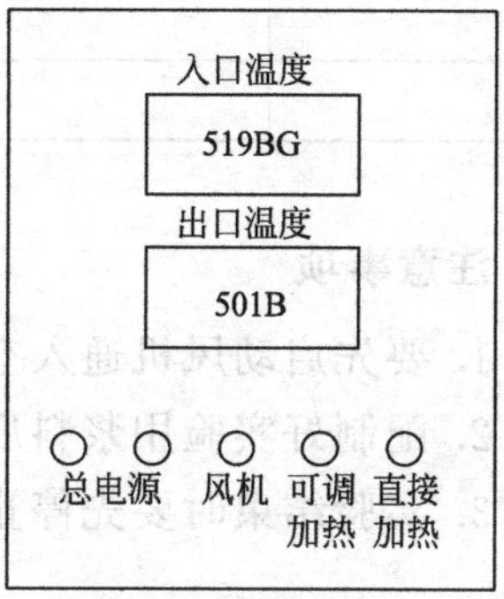

图 4-9　实验装置面板图

五、实验步骤

1. 接通电源，利用进料泵先通入清水，查看喷头出水是否顺畅。

2. 启动风机，调节空气流量在 $40m^3/h$ 左右，打开加热开关，调节干燥器内温度为 250℃。

3. 启动空气压缩机将空气压缩至一定压力后备用。当温度逐渐升高时保持持续进水，进水量以泵表显示在 5～10 为宜，这样做的目的是防止进料管温度过高时进料。料液瞬时汽化会反喷出来。

4. 当干燥室空气进口温度达到 250℃左右时即可开始进物料，进料量控制在进料泵表显示在 7～15。同时打开压缩机的放气阀门，使压缩到位的气体进入喷头，使料浆喷出雾化，并瞬时蒸发掉水分形成细小的粉粒，由旋风分离器分离出来，回收在锥形瓶中。延续此干燥过程，观察干燥塔内物料的干燥状况。

5. 实验结束，先将空气加热电压调至零再关闭加热开关，将料浆换成清水，再持续进水 5min 后关闭进料泵，其目的是洗净进料管中残留的物料，防止其凝结堵塞喷嘴。

6. 当干燥器表面已经冷却时，启动进料泵大量通入净水（可达到进料泵表显示最大值 100)，同时通入压缩气体，使水雾化并凝结在干燥器上形成水流，以此对干燥器进行反复清洗。同时开启干燥器底端的放空阀排掉污水。

六、数据记录及处理

实验操作条件及数据记录见表 4-2。

表 4-2　实验操作条件及数据记录

时间 /min	干燥器内温度 /℃	干燥器出口温度 /℃	料液进料量 /(mL/min)	风机流量 /(m^3/h)

七、注意事项

1. 要先启动风机通入空气之后再开启加热，防止干烧出现问题。
2. 配制好实验用浆料后要进行过滤，避免物料颗粒过大堵塞喷嘴。
3. 实验结束时要先停止加热再关闭风机，其目的是防止干烧。

第5章 化工原理仿真实验

5.1 化工原理虚拟实验室功能介绍

化工原理虚拟实验室（见图 5-1）仿真软件利用动态数学模型实时模拟真实实验现象和过程，通过 3D 仿真实验装置交互式操作，产生和真实实验一致的实验现象和结果。每位学生都能亲自动手做实验、观察实验现象、记录实验数据，达到验证公式和原理的目的。能够体现化工实验步骤和数据梳理等基本实验过程，满足工艺操作要求，满足流程操作训练要求，能够安全、长周期运行。

5.1.1 培训内容

① 化工流动过程综合实验；

② 传热综合实验；

③ 恒压过滤常数测定实验；

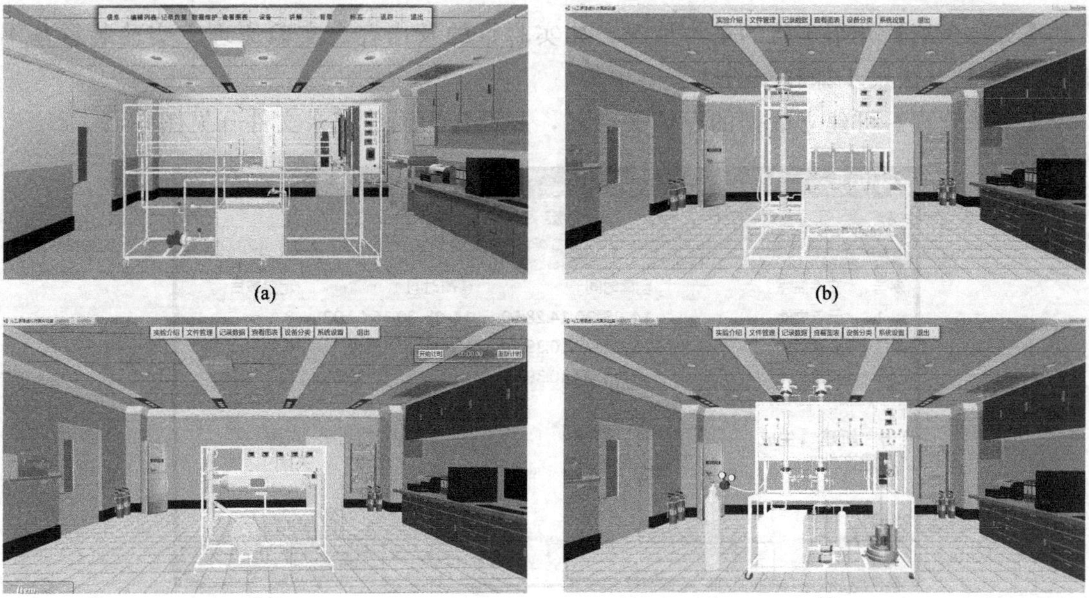

(a) (b)

(c) (d)

图 5-1 化工原理虚拟实验室

④ 精馏塔实验；

⑤ 二氧化碳吸收与解吸实验；

⑥ 萃取塔（桨叶）实验；

⑦ 洞道干燥实验。

5.1.2 基本操作

（1）人物控制

W（前）、S（后）、A（左）、D（右）（见图5-2）、鼠标右键（视角旋转）。

图5-2 人物控制键盘

（2）进入主场景后，可进入相应实验室

如流体力学实验室，完成实验的全部操作，进入实验室后可回到主场景中。

（3）拉近镜头

鼠标左键双击设备进行操作。

（4）开关阀门

开关阀门或者其他电源键或者泵开启键为鼠标左键单击操作。

5.1.3 菜单键功能说明

进入相应实验室后，上方菜单键（见图5-3）功能说明如下。

图5-3 菜单键

【实验介绍】介绍实验的基本情况，如实验目的及内容、实验原理、实验装置基本情况、实验方法及步骤和实验注意事项等。

【文件管理】可建立数据的存储文件名，并设置为当前记录文件（见图5-4）。

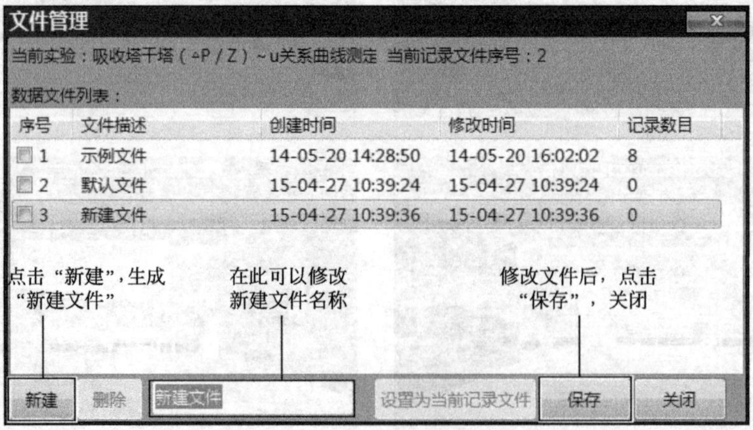

图5-4 文件管理页面

操作方法：可新建记录文件，点击下方“新建”按钮，可以修改新建文件名称，并设置为当前记录文件，点击“保存”。

【记录数据】实现数据记录功能，并能对记录数据进行处理。记录数据后，对于想要进行数据处理的记录数据选中前面的勾选，然后点击数据处理即可生产对应的数据（见图 5-5）。

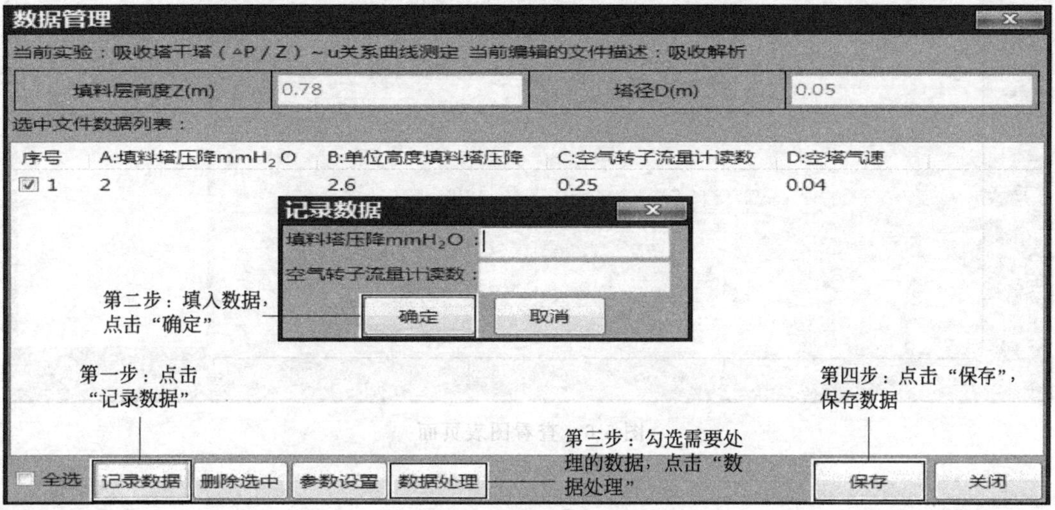

图 5-5 记录数据页面

操作方法

① 点击【记录数据】工具框，弹出“数据记录”窗口，在数据记录窗口中选择下方“记录数据”按钮，弹出记录数据框，在此将测得的数据填入。

② 数据记录后，勾选要进行计算处理的数据（若想处理所有数据，将下方的全选勾选即可），选中数据后，点击“处理”按钮，就会将记录的数据计算出结果。

③ 如若数据记录错误，将该组数据勾选，点击“删除选中”，即可删除选中的错误数据。

④ 数据处理后，若想保存，点击“保存”按钮，然后关闭窗口。

【查看图表】根据记录的实验表格可以生成目标表格，并可插入到实验报告中（见图 5-6）。

【设备分类】对设备进行分类，单击类别能迅速定位到目标。

【系统设置】可设置标签、声音、环境光。

【打印报告】仿真软件可生成打印报告（见图 5-7）作为预习报告提交给实验老师。

【退出】点击退出实验（见图 5-8）。

5.1.4 详细说明

（1）数值显示表

该类表为显示表，没有任何操作，直接显示对应数值（见图 5-9）。

（2）设定仪表

仪表上行 PV 值为显示值，下行 SV 值为设定值（见图 5-10）。

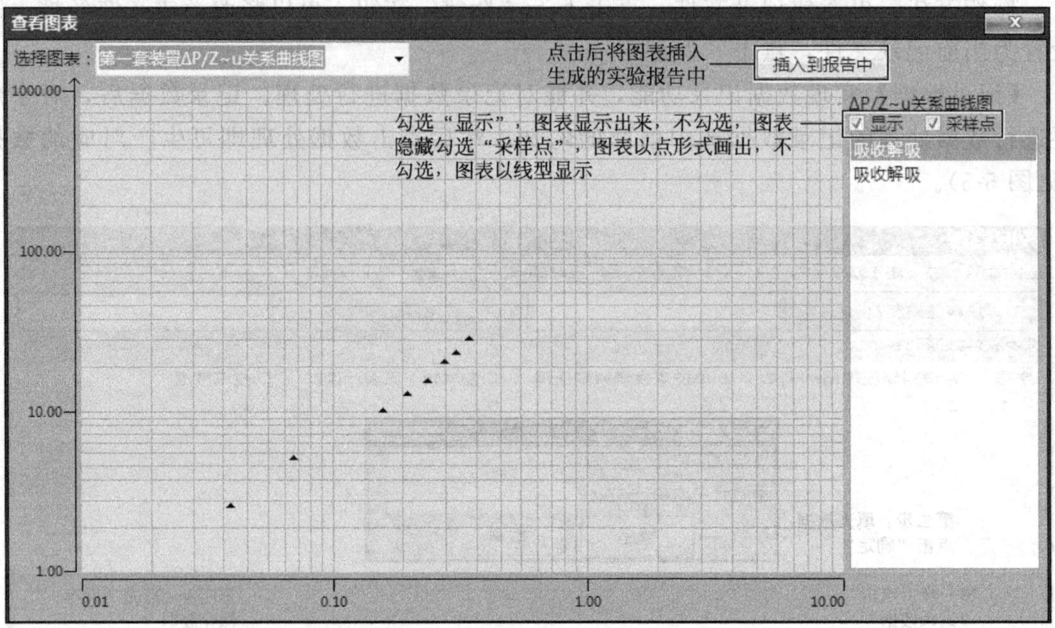

图 5-6　查看图表页面

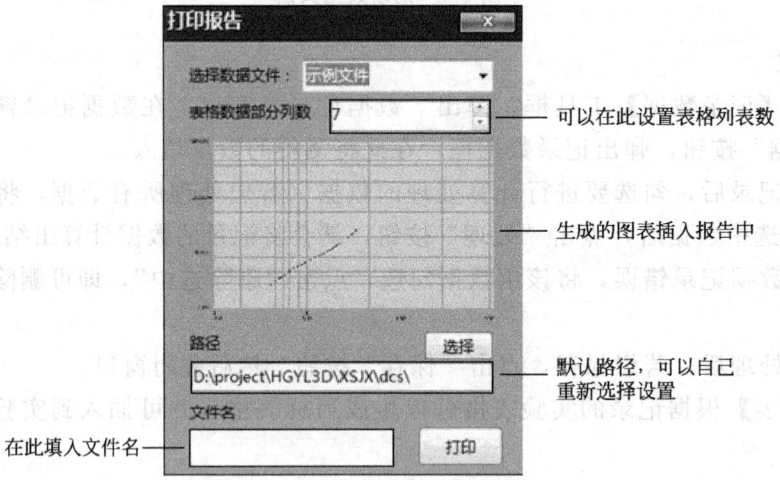

图 5-7　打印报告页面

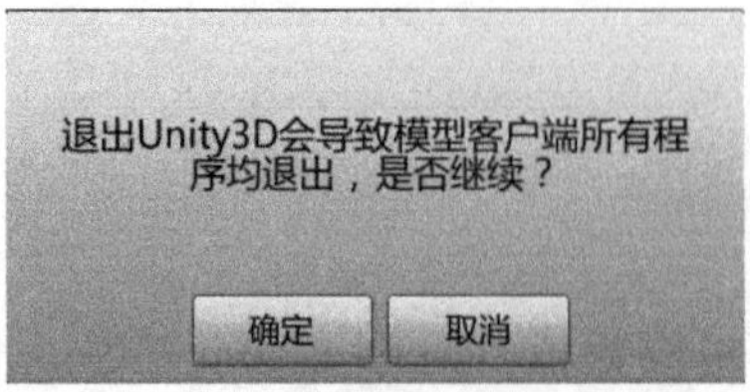

图 5-8　退出页面

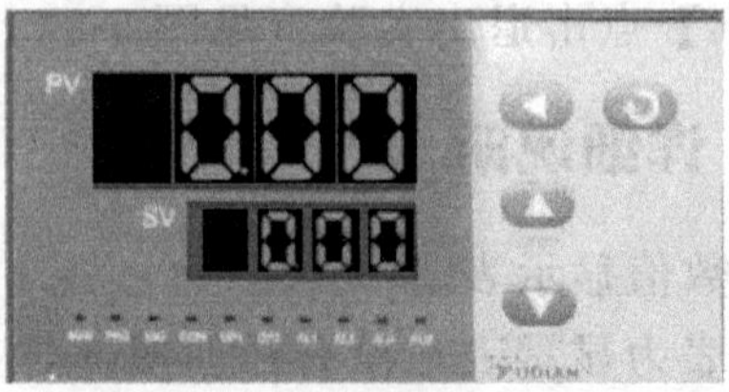

图 5-9　数值显示表

按一下控制仪表的键，在仪表的 SV 显示窗中出现一闪烁数字，每按一次键，闪烁数字便向左移动一位，哪个位置数字闪烁就可以利用、键调节相应位置的数值，调好后重按确认，并按所设定的数值应用。

（3）多值显示仪表

该类仪表可以读取多个显示数值，上行显示为数值，下行为代表序号。如图 5-11 所示，光滑管空气入口温度对应代表序号为 1，强化管空气入口温度代表序号为 3。

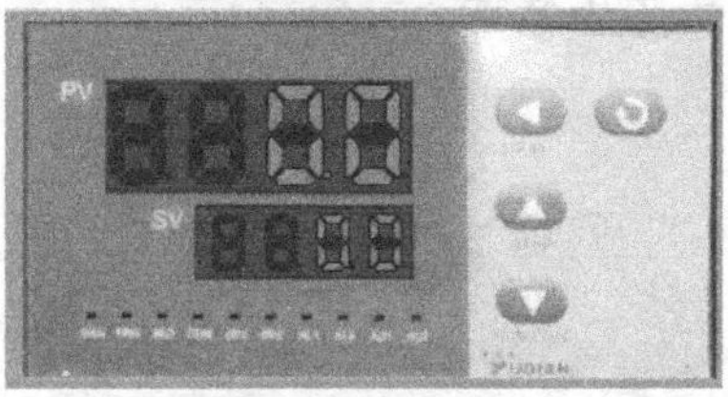

图 5-10　设定仪表

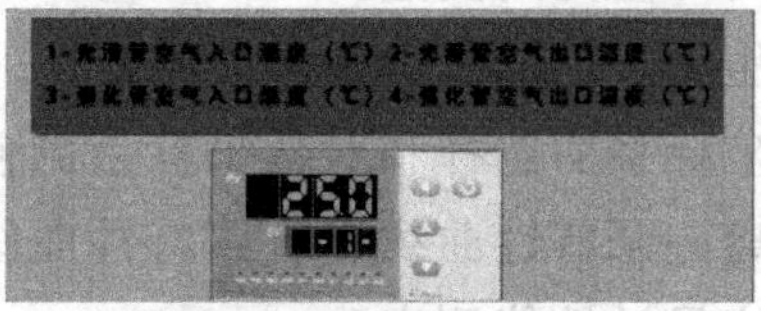
图 5-11　多值显示仪表

仪表操作说明：当前状态下，显示数值为光滑管空气入口温度，按一下控制仪表的键，代表序号加 1 变为 2，显示数值为光滑管空气出口温度；若在当前状态下按一下控制仪表的键，代表序号变为最后序号 4，显示数值为强化管空气出口温度，依次循环。

（4）回流比控制仪表

设定回流比（见图 5-12），前两位为回流时间，后两位为采出时间。设定方法同设定仪表操作方法一样。

（5）调速器（见图 5-13）

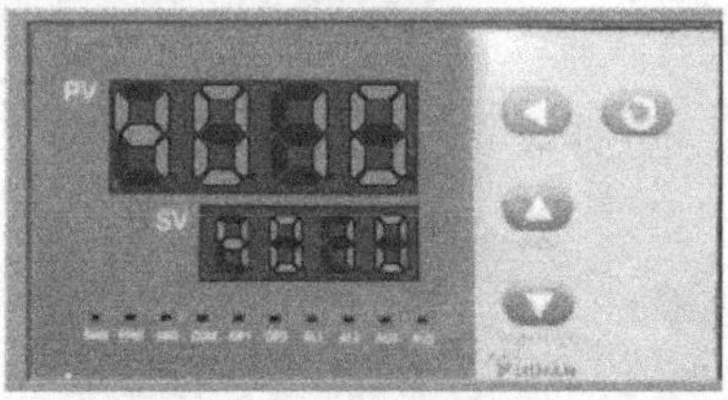

图 5-12　设定回流比

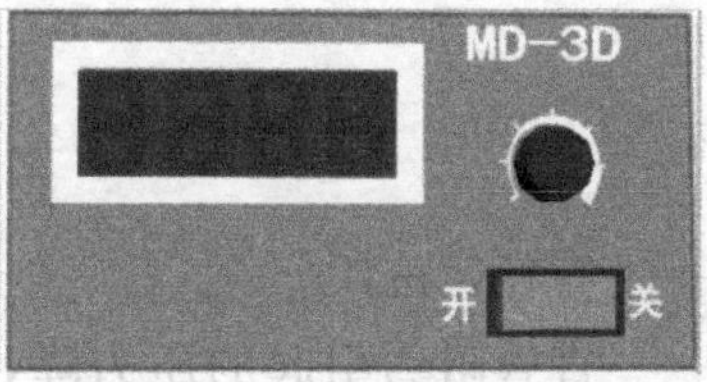

图 5-13　调速器设定

按下调速器开关后，点旋转按钮，设定搅拌器电压。

5.2　化工原理仿真实验

实验 1　流动过程综合实验仿真

一、实验内容

1. 测定直管摩擦系数 λ 与雷诺数 Re 和相对粗糙度之间的关系曲线。

2. 测定局部阻力系数 ζ。

3. 测定某型号离心泵在一定转速下的特性曲线和流量调节阀某一开度下的管路特性曲线。

4. 测定流量计流量系数。

二、实验目的

1. 直管摩擦阻力 Δp_f、直管摩擦系数 λ 的测定。

2. λ 与雷诺数 Re 和相对粗糙度之间的关系及其变化规律。

3. 局部阻力的测定。

4. 压力差的测量方法和技巧。

5. 坐标系的选择和对数坐标系的使用。

6. 离心泵特性曲线和管路特性曲线的测定。

7. 流量计性能测定。

三、实验原理

1. 直管摩擦系数 λ 与雷诺数 Re 的测定

由伯努利方程可得到流体在等径水平直管的阻力损失为：

$$h_f=\frac{p_1-p_2}{\rho}=\frac{\Delta p_f}{\rho} \tag{5-1}$$

由范宁公式可得到摩擦阻力系数与阻力损失之间的关系：

$$h_f=\frac{\Delta p_f}{\rho}=\lambda\frac{l}{d}\times\frac{u^2}{2} \tag{5-2}$$

整理式（5-1）、式（5-2）两式得

$$\lambda=\frac{2d}{\rho l}\times\frac{\Delta p_f}{u^2} \tag{5-3}$$

$$Re=\frac{du\rho}{\mu} \tag{5-4}$$

式中 d——管径，m；

Δp_f——直管阻力引起的压力降，Pa；

l——管长，m；

u——流速，m/s；

ρ——流体的密度，kg / m³；

μ——流体的黏度，Pa·s。

由式（5-3）可计算出不同流速下的直管摩擦系数 λ，用式（5-4）计算对应的 Re，整理出直管摩擦系数和雷诺数的关系，绘出 λ 与 Re 的关系曲线。

2. 局部阻力系数 ζ 的测定

由阻力系数法可得出局部阻力关系式：

$$h'_f=\frac{\Delta p'_f}{\rho}=\zeta\frac{u^2}{2} \qquad \zeta=\frac{2}{\rho}\times\frac{\Delta p'_f}{u^2}$$

式中 ζ——局部阻力系数，无量纲；

$\Delta p_f'$——局部阻力引起的压力降，Pa；

h_f'——局部阻力引起的能量损失，J/kg。

在上、下游各开两对测压口 a-a' 和 b-b' 如图 3-16 所示，使 $ab=bc$；$a'b'=b'c'$，则 $\Delta p_{f,ab}=\Delta p_{f,bc}$；$\Delta p_{f,a'b'}=\Delta p_{f,b'c'}$

在 $a\sim a'$ 之间列机械能衡算式　$p_a-p_{a'}=2\Delta p_{f,ab}+2\Delta p_{f,a'b'}+\Delta p_f'$　(5-5)

在 $b\sim b'$ 之间列机械能衡算式：　$p_b-p_{b'}=\Delta p_{f,bc}+\Delta p_{f,b'c'}+\Delta p_f'$

$$=\Delta p_{f,ab}+\Delta p_{f,a'b'}+\Delta p_f' \tag{5-6}$$

联立式（5-5）和式（5-6），可得：$\Delta p_f'=2(p_b-p_{b'})-(p_a-p_{a'})$

其中 $(p_b-p_{b'})$ 为近点压差，其数值用差压传感器来测量。

3. 离心泵特性曲线

测出离心泵的 H-Q、N-Q 及 η-Q 关系，并用曲线表示之，称为离心泵特性曲线。

(1) H 的测定　在泵的吸入口和排出口之间列伯努利方程

$$Z_1+\frac{p_1}{\rho g}+\frac{u_1^2}{2g}+H=Z_2+\frac{p_2}{\rho g}+\frac{u_2^2}{2g}+H_{f1\text{-}2} \tag{5-7}$$

$$H=(Z_2-Z_1)+\frac{p_2-p_1}{\rho g}+\frac{u_2^2-u_1^2}{2g}+H_{f1\text{-}2} \tag{5-8}$$

式中，$H_{f1\text{-}2}$ 是泵的吸入口和压出口之间管路内的流体流动阻力，与伯努利方程中其他项比较，$H_{f1\text{-}2}$ 值很小，故可忽略。于是上式变为：

$$H=(Z_2-Z_1)+\frac{p_2-p_1}{\rho g}+\frac{u_2^2-u_1^2}{2g} \tag{5-9}$$

将测得的 Z_2-Z_1 和 p_2-p_1 值以及计算所得的 u_1，u_2 代入上式，即可求得 H。

(2) N 的测定　电机输入到离心泵的轴功率可按下式计算：

$$N_{轴}=N_{电}\eta_{电}\ \eta_{转}$$

式中　$N_{轴}$——泵的轴功率，W；

$N_{电}$——电机的输入功率，W；

$\eta_{电}$——电机的效率，取 0.6；

$\eta_{转}$——传动装置的效率，取 1。

(3) η 测定　泵的效率 η 是泵的有效功率 N_e 与轴功率 $N_{轴}$ 的比值。有效功率 N_e 是单位时间内流体自泵得到的功，轴功率 $N_{轴}$ 是单位时间内泵从电机得到的功，两者差异反映了水力损失、容积损失和机械损失的大小。

泵的有效功率 N_e（kW）可用下式计算：

$$N_e=\frac{Q\rho gH}{1000} \tag{5-10}$$

$$\eta=\frac{N_e}{N_{轴}} \tag{5-11}$$

式中　η——泵的效率；

$N_{轴}$——泵的轴功率，kW；

N_e——泵的有效功率，kW；

H——泵的扬程，m；

Q——泵的流量，m^3/s；

ρ——水的密度，kg/m^3。

4．管路特性曲线

管路特性曲线是指流体流经管路系统的流量与所需压头之间的关系。在实验中固定出口阀门开度，通过调节离心泵电源频率，调节离心泵转速的手段改变流量，计算出对应的压头 H 就可以得到管路特性曲线。离心泵的压头 H 计算同上。

5．流量计性能测定

工程上是利用测定流体的压差来确定流体的速度，从而来测量流体的流量，文丘里流量计就是最常用的一种。

计算文丘里流量计的数学模型为：

$$q_V = C_0 A_0 \sqrt{\frac{2\Delta p}{\rho}} \tag{5-12}$$

式中 q_V——被测流体（水）的体积流量，m^3/s；

C_0——流量系数，无量纲；

A_0——流量计节流孔截面积，m^2；

Δp——流量计上、下游两取压口之间的压力差，Pa；

ρ——被测流体（水）的密度，kg/m^3。

用涡轮流量计作为标准流量计来测量流量 q_V，压差和流量是一一对应关系，将压差计读数 Δp 和流量 q_V 绘制成一条曲线，即流量标定曲线。同时利用式（5-12）整理数据可进一步得到 C_0-Re 关系曲线

四、实验装置

1．实验装置流程图

见图 5-14。

2．实验装置流程简介

① 流体阻力测量　水泵 2 将水箱 1 中的水抽出，送入实验系统，经玻璃转子流量计 22、23 测量流量，然后送入被测直管段测量流体流动阻力，经回流管流回水箱 1。被测直管段流体流动阻力 Δp 可根据其数值大小分别采用压力传感器 12 或空气-水倒置 U 形管来测量。

② 流量计、离心泵性能测定　水泵 2 将水箱 1 内的水输送到实验系统，流体经涡轮流量计 33 计量，用流量调节阀门 18 调节流量，回到储水槽。同时测量文丘里流量计两端的压差、离心泵进出口压力、离心泵电机输入功率并记录。

③ 管路特性测量　用流量调节阀门 18 调节流量到某一位置，改变电机频率，测定涡轮流量计的频率、泵入口压力、泵出口压力并记录。

3．实验装置面板图（见图 5-15）

其中，RUN STOP 为泵的启停按钮。泵的频率设定方法为：泵启动的状态下，按下 < RESET 按钮，面板上显示的数值会从最后一位开始闪烁，继续按下按钮，闪烁位数前移，如果想改变当前闪烁数值的值，按▲和▼改变数值大小，设定好后，按下 READ ENTER，会自动调

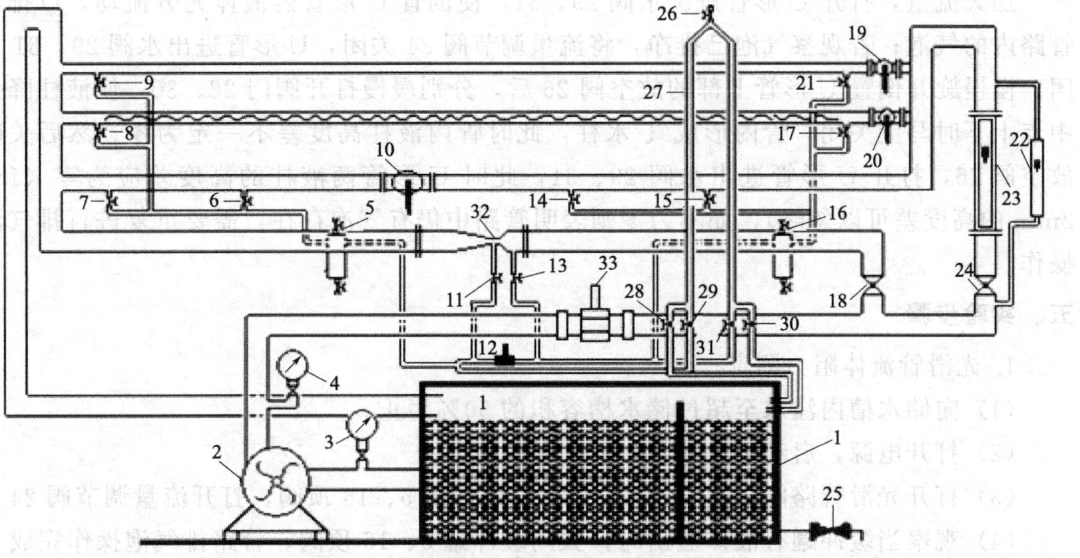

图 5-14　流动过程综合实验流程示意图

1—水箱；2—水泵；3—入口真空表；4—出口压力表；5,16—缓冲罐顶阀；6,14—测局部阻力近端阀；7,15—测局部阻力远端阀；8,17—粗糙管测压阀；9,21—光滑管测压阀；10—局部阻力阀；11—差压传感器左阀；12—压力传感器；13—差压传感器右阀；18,24—阀门；19—光滑管阀；20—粗糙管阀；22—小转子流量计；23—大转子流量计；25—水箱放水阀；26—倒 U 形管放空阀；27— 倒 U 形管；28,30—倒 U 形管排水阀；29,31—倒 U 形管平衡阀；32—文丘里流量计；33—涡轮流量计

节至设定的数值。

4. 导压系统排气泡操作说明

导压系统（图 5-16）排气泡操作方法如下：

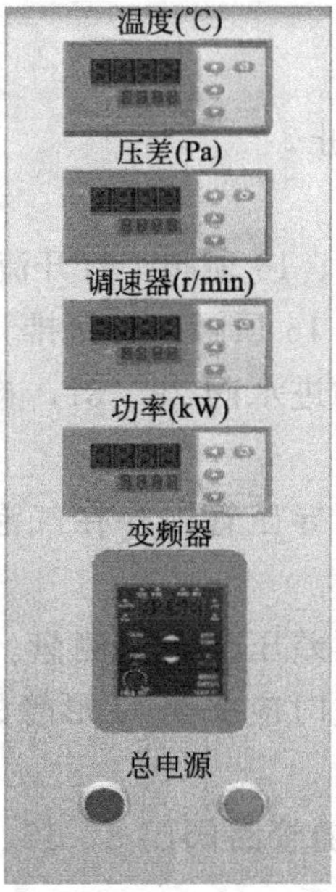

图 5-15　实验装置仪表面板图

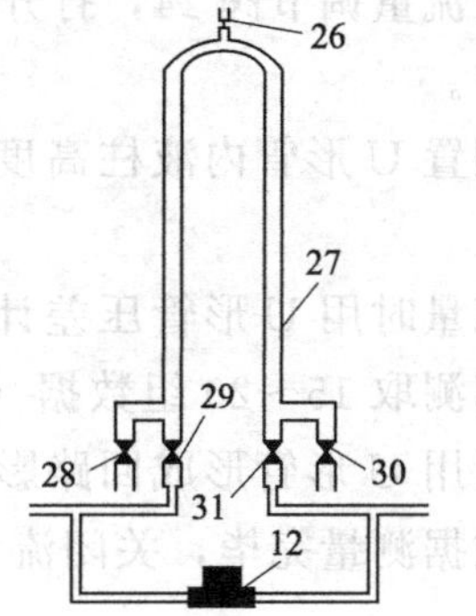

图 5-16　导压系统示意图

12—压力传感器；26—倒 U 形管放空阀；27—U 形管；28,30—排水阀；29,31—U 形管进水阀

加大流量，打开U形管进出水阀29、31，使倒置U形管内液体充分流动，以排出管路内的气泡；若观察气泡已排净，将流量调节阀24关闭，U形管进出水阀29、31关闭，慢慢旋开倒置U形管上部的放空阀26后，分别缓慢打开阀门28、30，使液柱降至中点上下时马上关闭，管内形成气-水柱，此时管内液柱高度差不一定为零。然后关闭放空阀26，打开U形管进出水阀29、31，此时U形管两液柱的高度差应为零（1～2mm的高度差可以忽略），如不为零则表明管路中仍有气泡存在，需要重复进行排气泡操作。

五、实验步骤

1. 光滑管流体阻力测定

（1）向储水槽内注水至超过储水槽容积的50%为止。

（2）打开电源，启动泵。

（3）打开光滑管路阀门9、19、21，打开缓冲罐5、16顶阀，打开流量调节阀24。

（4）观察当缓冲罐有液体溢出时，关闭缓冲罐5、16顶阀。管路排气泡操作完成。

（5）关闭流量调节阀24，打开通向倒置U形管的进水阀29、31，检查导压管内是否有气泡存在。

（6）若倒置U形管内液柱高度差不为零，则表明导压管内存在气泡，需要进行排气泡操作。

（7）小流量时用U形管压差计测量，大流量时用差压变送器测量。在最大流量和最小流量之间测取15～20组数据（在测大流量的压差时应关闭U形管的进出水阀29、31，防止水利用U形管形成回路影响实验数据）

（8）待数据测量完毕，关闭流量调节阀，关闭光滑管路阀门9、19、21，停泵，关闭电源。

2. 粗糙管流体阻力测定

（1）向储水槽内注水至超过储水槽容积的50%为止。

（2）打开电源，启动泵。

（3）打开粗糙管路阀门8、17、20，打开缓冲罐5、16顶阀，打开流量调节阀24。

（4）观察当缓冲罐有液体溢出时，关闭缓冲罐5、16顶阀。管路排气泡操作完成。

（5）关闭流量调节阀24，打开通向倒置U形管的进水阀29、31，检查导压管内是否有气泡存在。

（6）若倒置U形管内液柱高度差不为零，则表明导压管内存在气泡，需要进行排气泡操作。

（7）小流量时用U形管压差计测量，大流量时用差压变送器测量。在最大流量和最小流量之间测取15～20组数据（在测大流量的压差时应关闭U形管的进出水阀29、31，防止水利用U形管形成回路影响实验数据）。

（8）待数据测量完毕，关闭流量调节阀，关闭粗糙管路阀门8、17、20，停泵，关闭电源。

3. 局部阻力测定

（1）向储水槽内注水至超过储水槽容积的50%为止。

（2）打开电源，启动泵。

（3）打开局部阻力阀10。

（4）打开局部管路近端阀门6、14，打开缓冲罐5、16顶阀，打开流量调节阀24。

（5）观察当缓冲罐有液体溢出时，关闭缓冲罐5、16顶阀。管路排气泡操作完成。

（6）调节流量计的大小，测量10～15组数据。

（7）关闭局部管路近端阀门6、14，打开局部管路远端阀门7、15，调节流量计大小，测量10～15组数据。

（8）待数据测量完毕，关闭流量调节阀24，关闭局部阻力阀10。

（9）关闭局部管路远端阀门7、15，停泵，关闭电源。

4. 离心泵特性曲线测定

（1）向储水槽内注水至超过储水槽容积的50%为止。

（2）检查流量调节阀18、压力表4及真空表3的开关是否关闭（应关闭）。

（3）打开电源，启动离心泵，缓慢打开流量调节阀18至全开。

（4）待系统内流体稳定，打开压力表和真空表的开关，方可测取数据。

（5）用阀门18调节流量，从流量为零至最大或流量从最大至零，测取10～15组数据，记录涡轮流量计流量、泵入口压力、泵出口压力、功率表读数，并记录水温。

（6）实验结束后，关闭流量调节阀18，关闭压力表和真空表，停泵，关闭电源。

5. 管路特性曲线测定

（1）向储水槽内注水至超过储水槽容积的50%为止。

（2）打开电源，启动离心泵。

（3）打开流量调节阀18至某一开度，调节离心泵电机频率（调节范围50~200Hz），测取8～10组数据。

（4）记录电机频率、泵入口压力、泵出口压力、流量计读数，并记录水温。

（5）实验结束后，关闭流量调节阀18，停泵，关闭电源。

6. 流量计性能测定

（1）向储水槽内注水至超过储水槽容积的50%为止。

（2）检查流量调节阀18、压力表4及真空表3的开关是否关闭（应关闭）。

（3）打开电源，启动离心泵。

（4）打开压力传感器左阀11、右阀13，缓慢打开调节阀18至全开。待系统内流体稳定，打开压力表和真空表的开关，方可测取数据。

（5）用阀门18调节流量，从流量为零至最大或流量从最大至零，测取10～15组数据，同时记录涡轮流量计流量、文丘里流量计的压差，并记录水温。

（6）实验结束后，关闭流量调节阀18，关闭阀11、13，关闭压力表和真空表，停泵，关闭电源。

六、数据记录及处理

1. 光滑管小流量数据（以表5-1第13组数据为例）

$Q=70\text{L/h}$ $h=94\text{mmH}_2\text{O}$ 实验水温 $t=16℃$ 黏度 $\mu=1.15\times10^{-3}\ \text{Pa}\cdot\text{s}$

密度 $\rho=998.46\text{kg/m}^3$

管内流速：$u=\frac{Q}{0.785d^2}=\frac{70/(3600\times1000)}{0.785\times0.008^2}=0.39(m/s)$

阻力降：$\Delta p_f=\rho gh=998.46\times9.81\times(94/1000)=920.72(Pa)$

雷诺数：$Re=\frac{du\rho}{\mu}=\frac{0.008\times0.39\times998.46}{1.15\times10^{-3}}=2.71\times10^3$

阻力系数：$\lambda=\frac{2d}{\rho l}\times\frac{\Delta p_f}{u^2}=\frac{2\times0.008}{998.46\times1.70}\times\frac{920.72}{0.39^2}=5.706\times10^{-2}$

2. 粗糙管、大流量数据（以表 5-2 第 7 组数据为例）

$Q=300L/h$　$\Delta p=23.9kPa$　实验水温 $t=16℃$　$L=1.7m$

黏度 $\mu=1.15\times10^{-3}$ Pa·s　密度 $\rho=998.46kg/m^3$

管内流速：$u=\frac{Q}{0.785d^2}=\frac{300/(3600\times1000)}{0.785\times0.01^2}=1.06$ (m/s)

阻力降：$\Delta p_f=23.9\times1000=23900$ (Pa)

雷诺数：$Re=\frac{du\rho}{\mu}=\frac{0.01\times1.06\times998.46}{1.15\times10^{-3}}=9.203\times10^3$

阻力系数：$\lambda=\frac{2d}{\rho l}\times\frac{\Delta p_f}{u^2}=\frac{2\times0.001}{998.46\times1.7}\times\frac{23900}{1.06^2}=0.251$

3. 局部阻力实验数据（以表 5-3 第 1 组数据为例）

$Q=800L/h$　近端压差$=108.7$ kPa　远端压差$=109.2kPa$

管内流速：$u=\frac{Q}{0.785d^2}=\frac{800/(3600\times1000)}{0.785\times0.0015^2}=1.258\times10^2$ (m/s)

局部阻力：$\Delta p'_f=2(p_b-p_{b'})-(p_a-p_{a'})=(2\times108.7-109.2)\times1000=108200$ (Pa)

局部阻力系数：$\zeta=\frac{2}{\rho}\times\frac{\Delta p'_f}{u^2}=\frac{2}{998.46}\times\frac{108200}{(1.258\times10^2)^2}=1.370\times10^{-2}$

4. 流量计性能测定（以表 5-6 第 5 组数据为例）

涡轮流量计 $Q=7.35\ m^3/h$　流量计压差：25.2kPa　实验水温 $t=18℃$

黏度 $\mu=1.09\times10^{-3}$ Pa·s　密度 $\rho=998.08kg/m^3$

$u=\frac{Q}{0.785d^2}=\frac{7.35/3600}{0.785\times0.043^2}=1.407$ (m/s)

$Re=\frac{du\rho}{\mu}=\frac{0.043\times1.407\times998.08}{1.09\times10^{-3}}=5.54\times10^4$

因为 $Q=CA_0\sqrt{\frac{2\Delta p}{\rho}}$

所以 $C_0=\frac{Q}{A_0\sqrt{\frac{2\Delta p}{\rho}}}=\frac{7.35}{3600\times0.785\times0.02^2\times\sqrt{\frac{2\times25.2\times1000}{998.08}}}=0.915$

5. 离心泵性能的测定

H 的测定（以表 5-4 第 1 组数据为例）

涡轮流量计读数：$Q=10.59m^3/h$　功率表读数：0.74kW

压力表：0.042MPa；泵入口真空表：0MPa

实验水温 $t=18℃$ 黏度 $\mu=1.09\times10^{-3}\ Pa\cdot s$ 密度 $\rho=998.08kg/m^3$

$$H=(Z_2-Z_1)+\frac{p_2-p_1}{\rho g}+\frac{u_2^2-u_1^2}{2g}$$

$$H=0.27+\frac{(0+0.042)\times1000000}{998.08\times9.81}=4.6\ (m)$$

N＝功率表读数×电机效率＝0.74×60%＝0.444（kW）＝444（W）

$$N_e=\frac{Q\rho H}{102}=\frac{0.59\times998.08\times4.6}{3600\times102}=132.4\ (W)$$

$$\eta=\frac{N_e}{N}=\frac{132.4}{444}=29.82\%$$

6. 管路特性的测定

当离心泵安装在特定的管路系统中工作时，实际的工作压头和流量不仅与离心泵本身的性能有关，还与管路特性有关。也就是说，在液体输送过程中，泵和管路二者是相互制约的。

管路特性曲线是指流体流经管路系统的流量与所需压头之间的关系。若将泵的特性曲线与管路特性曲线绘制在同一坐标图上，两曲线交点即为泵在该管路的工作点。因此，如同通过改变阀门开度来改变管路特性曲线，求出泵的特性曲线一样，可通过改变泵转速来改变泵的特性曲线，从而得出管路特性曲线。泵的压头 H 的计算方法同上。

实验数据表见表5-1～表5-6，实验数据的关联图及特性曲线见图5-17～图5-20。

表5-1 流体阻力实验数据记录（光滑管内径8mm、管长1.7m）

（液体温度16℃ 液体密度 $\rho=998.46kg/m^3$ 液体黏度 $\mu=1.15\times10^{-3}\ Pa\cdot s$）

序号	流量/(L/h)	直管压差 Δp		Δp	流速 u	Re	λ
		kPa	mmH_2O	Pa	m/s		
1	1000	127.1		127100	5.53	38403	0.03919
2	900	105.3		105300	4.98	34563	0.04009
3	800	82.0		82000	4.42	30723	0.03951
4	700	64.5		64500	3.87	26882	0.04059
5	600	47.3		47300	3.32	23042	0.04051
6	500	33.9		33900	2.76	19202	0.04181
7	400	21.5		21500	2.21	15361	0.04143
8	300	13.5		13500	1.66	11521	0.04625
9	200	6.1		6100	1.11	7681	0.04702
10	100	2.3		2300	0.55	3840	0.07092
11	90		156	1521	0.50	3456	0.05790
12	80		123	1199	0.44	3072	0.05778
13	70		94	921	0.39	2710	0.05706

续表

序号	流量/(L/h)	直管压差 Δp		Δp	流速 u	Re	λ
		kPa	mmH_2O	Pa	m/s		
14	60		69	673	0.33	2304	0.05762
15	50		41	400	0.28	1920	0.04931
16	40		30	293	0.22	1536	0.05637
17	30		23	224	0.17	1152	0.07683
18	20		16	156	0.11	768	0.12026
19	10		8	78	0.06	384	0.24052

表 5-2　流体阻力实验数据记录（直管内径 10mm、管长 1.70m）

（液体温度 16℃　液体密度 $\rho=998.46kg/m^3$　液体黏度 $\mu=1.15\times10^{-3}$ Pa·s）

序号	流量/(L/h)	直管压差 Δp		Δp	流速 u	Re	λ
		kPa	mmH_2O	Pa	m/s		
1	900	162.4		162400	3.18	27651	0.189
2	800	134.2		134200	2.83	24578	0.197
3	700	109.8		109800	2.48	21506	0.211
4	600	82.8		82800	2.12	18434	0.216
5	500	61.0		61000	1.77	15361	0.230
6	400	39.4		39400	1.42	12289	0.232
7	300	23.9		23900	1.06	9203	0.251
8	200	11.5		11500	0.71	6145	0.271
9	100	5.1		5100	0.35	3072	0.480
10	90		305	2974	0.32	2765	0.345
11	80		251	2447	0.28	2458	0.360
12	70		192	1872	0.25	2151	0.360
13	60		144	1404	0.21	1843	0.367
14	50		113	1102	0.18	1536	0.415
15	40		77	751	0.14	1229	0.442
16	30		51	497	0.11	922	0.520
17	20		28	273	0.07	614	0.642
18	10		11	107	0.04	307	1.009

表 5-3　局部阻力实验数据表

序号	Q/(L/h)	近端压差/kPa	远端压差/kPa	u/(m/s)	局部阻力压差/Pa	阻力系数 ζ
1	800	108.7	109.2	1.258	108200	0.01370

续表

序号	Q/(L/h)	近端压差/kPa	远端压差/kPa	u/(m/s)	局部阻力压差/Pa	阻力系数 ζ
2	600	61	61.4	0.944	60600	0.01367
3	400	28.1	28.3	0.629	27900	0.01416

表 5-4　离心泵性能测定实验数据记录

(液体温度 35.4℃　液体密度 ρ=993.52kg/m³　泵进出口高度=0.27m)

序号	入口压力 p_1	出口压力 p_2	电机功率	流量 Q	压头 h	泵轴功率 N	η
	MPa	MPa	kW	m³/h	m	W	%
1	0	0.042	0.74	10.59	4.6	444	29.820
2	0	0.086	0.77	9.82	9.1	462	52.338
3	0	0.105	0.76	8.98	11.0	456	58.884
4	0	0.122	0.73	8.23	12.7	438	65.057
5	0	0.138	0.72	7.35	14.4	432	66.469
6	0	0.152	0.71	6.51	15.8	426	65.645
7	0	0.164	0.69	5.63	17.0	414	62.950
8	0	0.179	0.64	4.72	18.6	384	62.020
9	0	0.19	0.59	3.85	19.7	354	58.198
10	0	0.198	0.54	2.95	20.5	324	50.746
11	0	0.207	0.48	1.94	21.4	288	39.227
12	0	0.221	0.42	0.86	22.8	252	21.201
13	0	0.228	0.4	0.00	23.6	240	0.000

表 5-5　离心泵管路特性曲线

(液体温度 35.4℃　液体密度 ρ=993.52kg/m³　泵进出口高度=0.27m)

序号	电机频率	入口压力 p_1	出口压力 p_2	流量 Q	压头 h
	Hz	MPa	MPa	m³/h	m
1	50	0	0.042	10.62	4.58
2	48	0	0.041	10.45	4.48
3	46	0	0.04	10.25	4.37
4	44	0	0.039	10.00	4.27
5	42	0	0.038	9.71	4.17
6	40	0	0.036	9.33	3.96
7	38	0	0.033	8.89	3.66

续表

序号	电机频率	入口压力 p_1	出口压力 p_2	流量 Q	压头 h
	Hz	MPa	MPa	m^3/h	m
8	36	0	0.031	8.43	3.45
9	34	0	0.029	7.97	3.25
10	32	0	0.027	7.50	3.04
11	30	0	0.025	7.04	2.84
12	25	0	0.02	5.84	2.32
13	20	0	0.016	4.63	1.91
14	0	0	0	0.00	0.27

表 5-6 流量计性能测定实验数据记录

序号	文丘里流量计	文丘里流量计	流量 Q	流速 u	Re	C_0
	kPa	Pa	m^3/h	m/s		
1	50.4	50400	10.59	2.027	79798	0.933
2	44.8	44800	9.82	1.879	73996	0.918
3	38.4	38400	8.98	1.719	67667	0.906
4	32.2	32200	8.23	1.575	62015	0.907
5	25.2	25200	7.35	1.407	55384	0.915
6	20	20000	6.51	1.246	49055	0.911
7	15.5	15500	5.63	1.077	42424	0.895
8	11.1	11100	4.72	0.903	35566	0.886
9	7.3	7300	3.85	0.737	29011	0.891
10	4.5	4500	2.95	0.565	22229	0.870
11	1.4	1400	1.94	0.371	14618	1.026

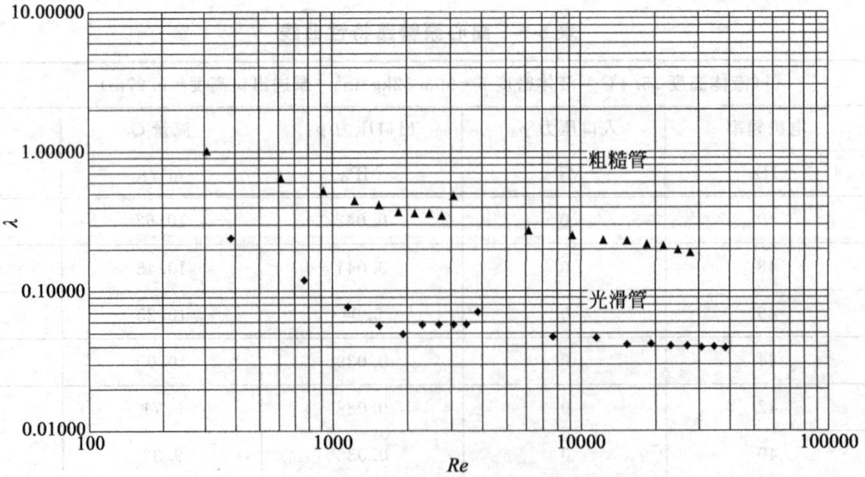

图 5-17 直管摩擦系数 λ 与雷诺数 Re 关联图

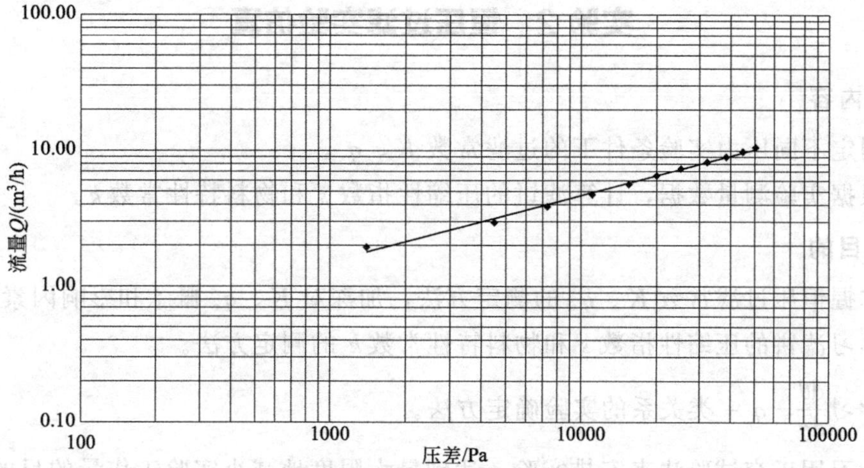

图 5-18　流量计标定流量 Q 与压差关联图

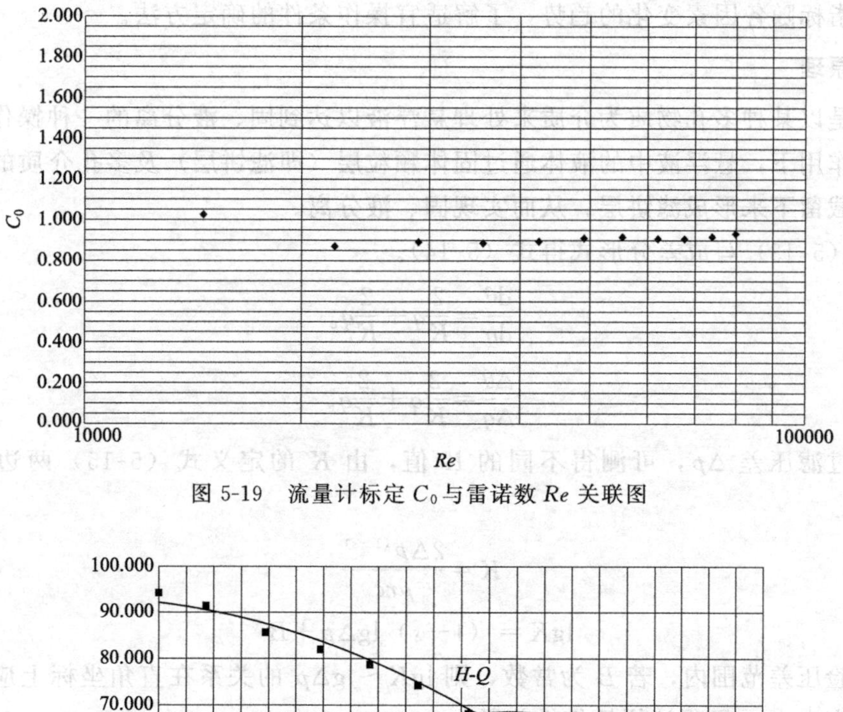

图 5-19　流量计标定 C_0 与雷诺数 Re 关联图

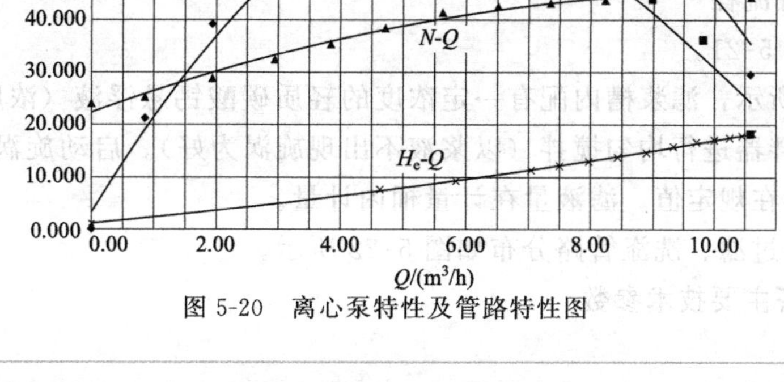

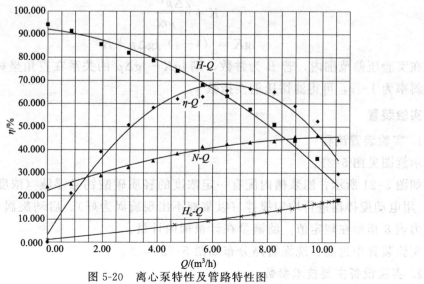

图 5-20　离心泵特性及管路特性图

实验2　恒压过滤实验仿真

一、实验内容

1. 测定不同压力实验条件下的过滤常数 K、q_e。

2. 根据实验测量数据，计算滤饼的压缩性指数 s 和物料特性常数 k。

二、实验目的

1. 掌握恒压过滤常数 K、q_e 的测定方法，加深对 K、q_e 概念和影响因素的理解。

2. 学习滤饼的压缩性指数 s 和物料特性常数 k 的测定方法。

3. 学习 $\frac{d\theta}{dq}-q$ 一类关系的实验确定方法。

4. 学习用正交试验法来安排实验，达到最大限度地减小实验工作量的目的。

5. 学习对正交试验法的实验结果进行科学地分析，分析出每个因素重要性的大小，指出试验指标随各因素变化的趋势，了解适宜操作条件的确定方法。

三、实验原理

过滤是以某种多孔物质为介质来处理悬浮液以达到固、液分离的一种操作过程，即在外力的作用下，悬浮液中的液体通过固体颗粒层（即滤饼层）及多孔介质的孔道而固体颗粒被截留下来形成滤饼层，从而实现固、液分离。

对式（5-13）写成差分形式得式（5-14）。

$$\frac{d\theta}{dq}=\frac{2}{K}q+\frac{2}{K}q_e \tag{5-13}$$

$$\frac{\Delta\theta}{\Delta q}=\frac{2}{K}q+\frac{2}{K}q_e \tag{5-14}$$

改变过滤压差 Δp，可测得不同的 K 值，由 K 的定义式（5-15）两边取对数得式(5-16)。

$$K=\frac{2\Delta p^{(1-s)}}{\mu rc} \tag{5-15}$$

$$\lg K=(1-s)\lg\Delta p+B \tag{5-16}$$

在实验压差范围内，若 B 为常数，则 $\lg K\sim\lg\Delta p$ 的关系在直角坐标上应是一条直线，斜率为 $1-s$，可得滤饼压缩性指数 s。

四、实验装置

1. 实验装置流程

示意图见图 5-21。

如图 5-21 所示，滤浆槽内配有一定浓度的轻质碳酸钙悬浮液（浓度在 6%～8% 左右），用电动搅拌器进行均匀搅拌（以浆液不出现旋涡为好）。启动旋涡泵，调节阀门 3 使压力表 8 指示在规定值。滤液量在计量桶内计量。

实验装置中过滤、洗涤管路分布如图 5-22 所示。

2. 实验设备主要技术参数

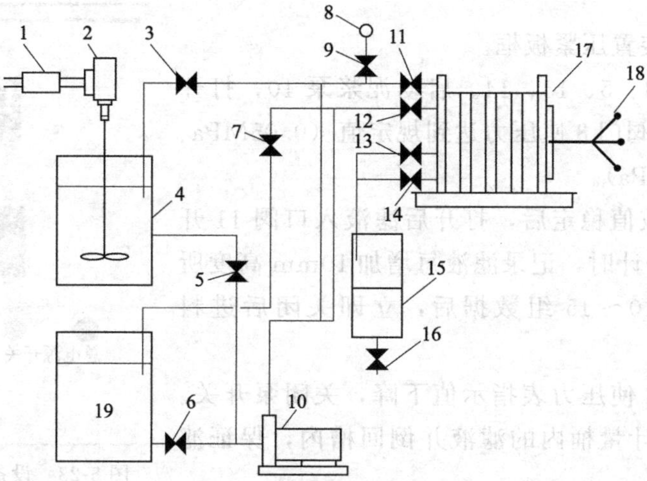

图 5-21　实验装置流程示意图

1—调速器；2—电动搅拌器；3,5,6,7,9,16—阀门；4—滤浆槽；8—压力表；10—泥浆泵；11—后滤液入口阀；12—前滤液入口阀；13—后滤液出口阀；14—前滤液出口阀；15—滤液槽；17—过滤机组；18—压紧装置；19—反洗水箱

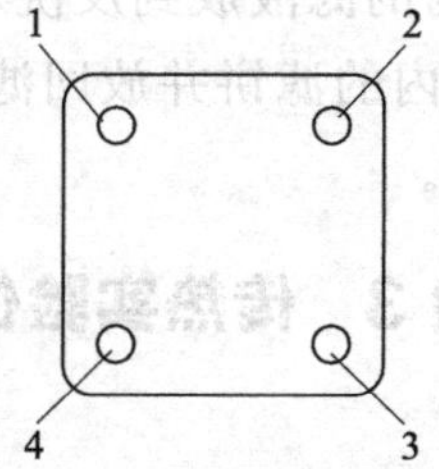

图 5-22　板框过滤机过滤、洗涤管路分布图

1—过滤入口；2—洗涤入口；3—过滤出口；4—洗涤出口

见表 5-7。

表 5-7　实验设备主要技术参数

序号	名称	规格	材料
1	搅拌器	型号：KDZ-1	
2	过滤板	160mm×180mm×11mm	不锈钢
3	滤布	工业用	
4	过滤面积	0.0475m^2	
5	计量桶	长 327mm、宽 286mm	

3. 实验装置面板图

见图 5-23。

五、实验步骤

1. 打开总电源。

2. 打开搅拌器调速器开关，调节调速器旋钮（设定电流），将滤浆槽 4 内的浆液搅

拌均匀。

3. 点击压紧装置压紧板框。

4. 全开阀门 3、5、13、14。启动泥浆泵 10，打开阀门 9，利用调节阀门 3 使压力达到规定值（0.05MPa、0.10MPa、0.15MPa）。

5. 待压力表数值稳定后，打开后滤液入口阀 11 开始过滤。同时开始计时，记录滤液每增加 10mm 高度所用的时间。测量 10～15 组数据后，立即关闭后进料阀 11。

6. 打开阀门 3 使压力表指示值下降，关闭泵开关。打开阀门 16 放出计量桶内的滤液并倒回槽内，保证滤浆浓度恒定。

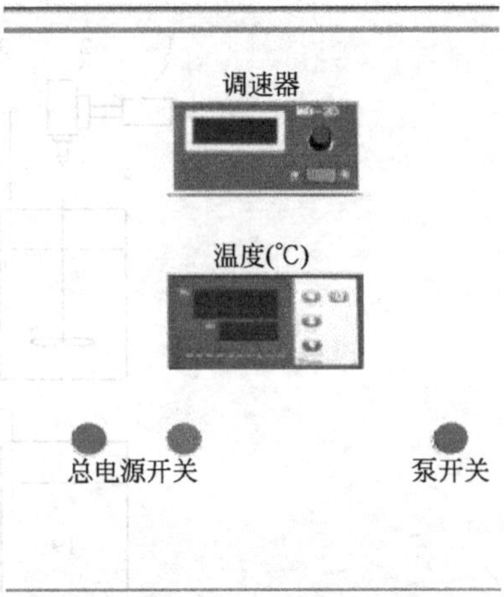

图 5-23　设备仪表面板示意图

7. 洗涤实验时关闭阀门 3、5，全开阀门 6、7、9。调节阀门 7 使压力表 8 达到过滤要求的数值。打开阀门 12、13，等到阀门 13 有液体流下时开始计时，测量 4～6 组数据（洗涤实验测得的数据不用记录）。实验结束后，关闭阀 12、13，打开阀门 16 将计量桶内的滤液放到反洗水箱内。

8. 开启压紧装置，卸下过滤框内的滤饼并放回滤浆槽内，将滤布清洗干净。

9. 改变压力值，重复上述实验。

实验 3　传热实验仿真

一、实验内容

1. 测定 5～6 个不同流速下简单套管换热器的对流传热系数 α_i。用图解法求关联式 $Nu=ARe^mPr^{0.4}$ 中常数 A、m 的值。

2. 测定 5～6 个不同流速下强化套管换热器的对流传热系数 α_i。用图解法求关联式 $Nu=ARe^mPr^{0.4}$ 中常数 A、m 的值。

3. 同一流量下，按实验所得准数关联式求得 Nu_0，计算传热强化比 Nu/Nu_0。

二、实验目的

1. 通过对空气-水蒸气简单套管换热器的实验研究，掌握对流传热系数 α_i 的测定方法，加深对其概念和影响因素的理解。并应用线性回归分析方法，确定关联式 $Nu=ARe^mPr^{0.4}$ 中常数 A、m 的值。

2. 通过对管程内部插有螺旋线圈的空气-水蒸气强化套管换热器的实验研究，测定其准数关联式 $Nu=BRe^m$ 中常数 B、m 的值和强化比 Nu/Nu_0，了解强化传热的基本理论和基本方式。

三、实验原理

1. 普通套管换热器传热系数及其准数关联式的测定

(1) 对流传热系数 α_i 的测定　根据总传热速率方程 $K=\dfrac{Q}{A_2\Delta t_m}$ 和总传热系数方程 $\dfrac{1}{K}=$

$\frac{1}{\alpha_1}+\frac{b}{\lambda_1}+\frac{1}{\alpha_2}$，因为 α_2 远小于 α_1 和 λ，即 $\alpha_2 \approx K$，所以：

$$\alpha_2 \approx \frac{Q}{A_2 \Delta t_{m2}} \tag{5-17}$$

式中　α_2——管内流体对流传热系数，W/（$m^2 \cdot$℃）；

Q——管内传热速率，W；

A_2——管内换热面积，m^2；

Δt_{m2}——对数平均温差，℃。

① 对数平均温差由下式确定：

$$\Delta t_{m2} = \frac{(t_w - t_1) - (t_w - t_2)}{\ln \frac{t_w - t_1}{t_w - t_2}} \tag{5-18}$$

式中　t_1, t_2——冷流体的入口、出口温度，℃。

t_w——壁面平均温度，℃；

因为传热管为铜管，其热导率很大，而管壁又薄，故认为内壁温度、外壁温度和壁面平均温度近似相等，用 t_w 来表示。

空气入传热管测量段前的温度 t_1（℃）和空气出传热管测量段的湿度 t_2（℃）由电阻温度计测量，可由数字显示仪表直接读出。

管外壁面平均温度 t_w（℃）由数字式毫伏计测出与其对应的热电势 E（mV，热电偶是由铜-康铜组成），再由 E 根据公式计算：$t_w = 8.5 + 21.2678 \times E$。

② 管内换热面积。

$$A_2 = \pi d_2 L \tag{5-19}$$

式中　d_2——内管管内径，m；

L——传热管测量段的实际长度，m。

③ 传热速率　由热量衡算式：

$$Q = m_{s2} C_{p2} (t_2 - t_1) \tag{5-20}$$

其中质量流量由下式求得：

$$m_{s2} = \frac{\rho V_{s2}}{3600} \tag{5-21}$$

式中　V_{s2}——冷流体在套管内的平均体积流量，m^3/h；

C_{p2}——冷流体的定压比热容，kJ/(kg·℃)

ρ——冷流体的密度，kg/m^3。

C_p 和 ρ 可根据定性温度 t_m 查得，$t_m = \frac{t_1 + t_2}{2}$ 为冷流体进出口平均温度。

$$V_{s2} = \frac{273 + t_m}{273 + t_1} V_{t_1}$$

$$V_{s2} = 23.80 \sqrt{\frac{\Delta p}{\rho}} V_{t_1}$$

式中　Δp——孔板流量计两端压差，kPa；

t_1——流量计处温度，也是空气入口温度，℃

V_{t_1}——流量计处体积流量，也是空气入口体积流量，m^3/h。

(2) 对流传热系数准数关联式的实验确定　流体在管内作强制湍流为被加热状态，准数关联式的形式为：

$$Nu=B\cdot Re^m\cdot Pr^n \tag{5-22}$$

式中，$Nu=\dfrac{\alpha d}{\lambda}$；$Pr=\dfrac{C_p u}{\lambda}$；$Re=\dfrac{du\rho}{\mu}$。

根据定性温度 t_m 可查得物性数据 λ、C_p、ρ、μ。

在本实验中，空气被加热，取 $n=0.4$，则关联式的可简化为：

$$\lg\frac{Nu}{Pr^{0.4}}=\lg B+m\lg Re \tag{5-23}$$

在双对数坐标中以 $\dfrac{Nu}{Pr^{0.4}}$ 对 Re 作图，由直线的斜率和截距可求得 B 和 m 的值，进而得到流传热系数的准数关联式。

2. 强化套管换热器传热系数、准数关联式及强化比的测定

强化传热又被学术界称为第二代传热技术，它能减小初设计的传热面积，以减小换热器的体积和重量；提高现有换热器的换热能力；使换热器能在较低温差下工作；并且能够减小换热器的阻力以减小换热器的动力消耗，以便更有效地利用能源和资金。强化传热的方法有多种，本实验装置采用了多种强化方式。其中螺旋线圈的结构图如图 5-24 所示，螺旋线圈由直径 3mm 以下的铜丝和钢丝按一定节距绕成。将金属螺旋线圈插入并固定在管内，即可构成一种强化传热管。在近壁区域，流体一面由于螺旋线圈的作用而发生旋转，一面还周期性地受到线圈的螺旋金属丝的扰动，因而可以使传热强化。由于绕制线圈的金属丝直径很小，流体旋流强度也较弱，所以阻力较小，有利于节省能源。螺旋线圈以线圈节距 H 与管内径 d 的比值以及管壁粗糙度 $(2d/h)$ 为主要技术参数，且长径比是影响传热效果和阻力系数的重要因素。其他强化方式请参见相关文献。

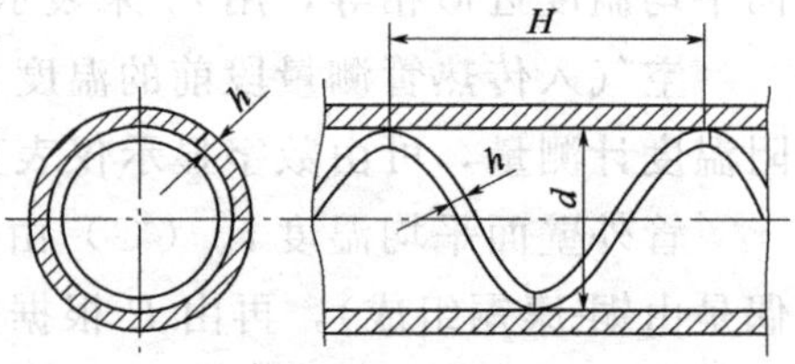

图 5-24　螺旋线圈强化管内部结构

科学家通过实验研究总结了形式为 $Nu=BRe^m$ 的经验公式，其中 B 和 m 的值因强化方式不同而不同。

在本实验中，采用实验 1 中的实验方法确定不同流量下的 Re_i 与 Nu_i，用线性回归方法可确定 B 和 m 的值。

单纯研究强化手段的强化效果（不考虑阻力的影响），可以用强化比的概念作为评判准则，它的形式是 Nu/Nu_0，其中 Nu 是强化管的努塞尔数，Nu_0 是普通管的努塞尔数，显然，强化比 $Nu/Nu_0>1$，而且它的值越大，强化效果越好。需要说明的是，如果评判强化方式的真正效果和经济效益，则必须考虑阻力因素，阻力系数随着换热系数的增加而增加，从而导致换热性能的降低和能耗的增加。只有强化比较高且阻力系数较小的强化方式，才是最佳的强化方法。

四、实验装置

1. 实验设备流程

示意图见图 5-25。

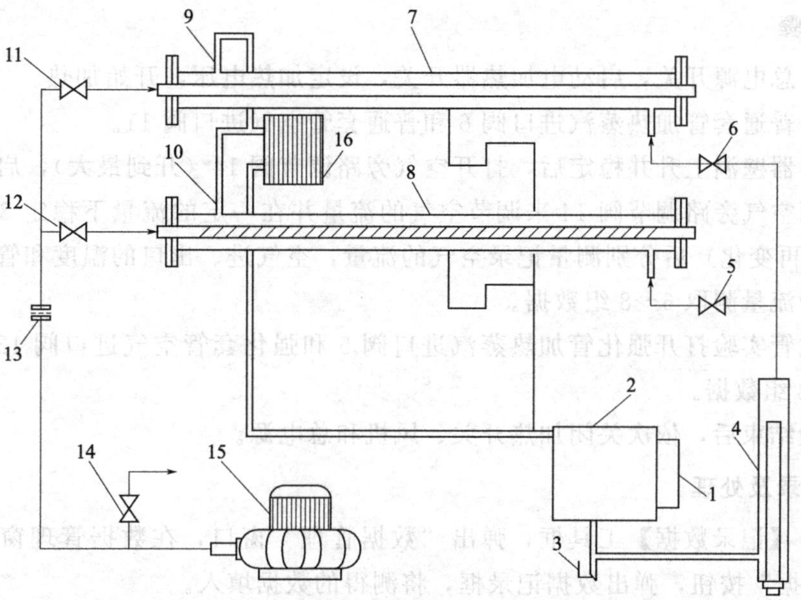

图 5-25　空气-水蒸气传热综合实验装置流程图

1—液位计；2—储水罐；3—排水阀；4—蒸汽发生器；5—强化套管蒸汽进口阀；6—光滑套管蒸汽进口阀；
7—光滑套管换热器；8—内插有螺旋线圈的强化套管换热器；9—光滑套管蒸汽出口；
10—强化套管蒸汽出口；11—光滑套管空气进口阀；12—强化套管空气进口阀；
13—孔板流量计；14—空气旁路调节阀；15—旋涡气泵；16—蒸汽冷凝器

2. 实验装置流程简介

如图 5-25 所示，实验装置的主体是两根平行的套管换热器，内管为紫铜材质，外管为不锈钢管材质，两端用不锈钢法兰固定。实验的蒸汽发生釜为电加热釜，内有 2 根 2.5kW U 形电加热器，用 200V 电压加热（可由仪表调节）。气源选择 XGB-2 型旋涡气泵，使用旁路调节阀调节流量。蒸汽、空气上升管路，使用三通和球阀分别控制气体进入两个套管换热器。

空气由旋涡气泵吹出，由旁路调节阀调节，经孔板流量计由支路控制阀选择不同的支路进入换热器。管程蒸汽由加热釜发生后自然上升，经支路控制阀选择逆流进入换热器壳程，由另一端蒸汽出口自然喷出，达到逆流换热的效果。

3. 实验装置面板图

仪表面板见图 5-26。

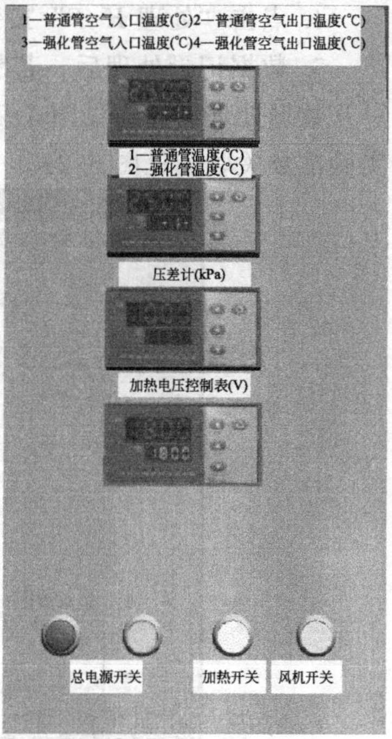

图 5-26　仪表面板示意图

加热电压的设定：按一下加热电压控制仪表的⟲

键，在仪表的 SV 显示窗中出现一闪烁数字，每按一次◀键，闪烁数字便向左移动一位，闪烁数字在哪个位置上就可以利用▲、▼键调节相应位置的数值，调好后重按⟲确认，并按所设定的数值应用。

五、实验步骤

1. 打开总电源开关，启动电加热器开关，设定加热电压，开始加热。

2. 打开普通套管加热蒸汽进口阀 6 和普通套管空气进口阀 11。

3. 换热器壁温上升并稳定后，打开空气旁路调节阀 14（开到最大），启动风机。

4. 利用空气旁路调节阀 14 来调节空气的流量并在一定的流量下稳定 3～5min（仿真为数值不再变化）后分别测量记录空气的流量，空气进、出口的温度和管壁温度。

5. 改变流量测取 6～8 组数据。

6. 强化管实验打开强化管加热蒸汽进口阀 5 和强化套管空气进口阀 12，用上述方法测取 6～8 组数据。

7. 实验结束后，依次关闭加热开关、风机和总电源。

六、数据记录及处理

1. 点击【记录数据】工具框，弹出“数据管理”窗口，在数据管理窗口中选择下方“记录数据”按钮，弹出数据记录框，将测得的数据填入。

2. 数据记录后，勾选想要数据处理的数据（若想处理所有数据，将下方的全选勾选即可），点击“处理 F”按钮，计算出对应数据的 t_m。

3. 点击“查询”按钮，查询对应温度的 ρ_{t_1}、ρ_{tm} 以及 $H/I/J$ 列的对应数据，双击填入数据，回车确认。

4. 点击“处理 K-T”按钮，处理对应数据的 $K \sim T$ 列数据。

5. 数据记录处理后，若想保存，点击“保存”按钮，然后关闭窗口。

数据处理的界面见图 5-27、图 5-28。数据整理结果见表 5-8、表 5-9，套管换热器实验准数关联图见图 5-29。

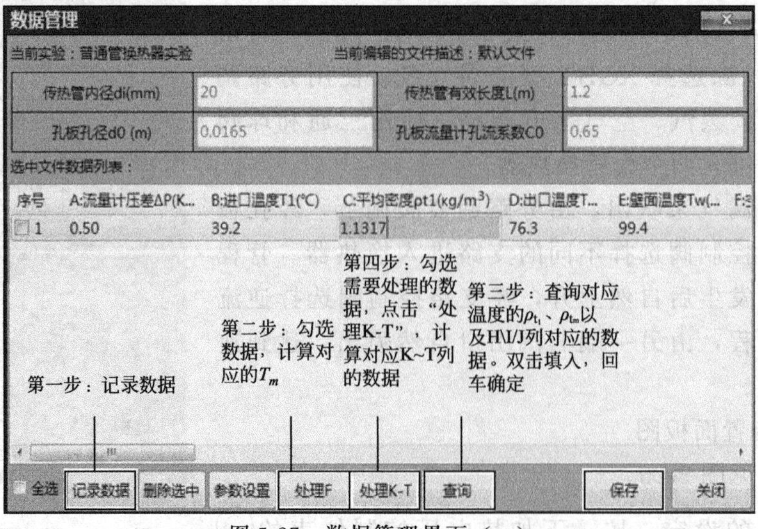

图 5-27　数据管理界面（一）

图 5-28　数据管理界面（二）

表 5-8　数据整理结果（普通管换热器）

项目＼实验序号	1	2	3	4	5	6	7
流量/kPa	0.50	1.00	1.50	2.00	2.50	2.98	3.22
t_1/℃	39.2	40.2	41.3	42.6	44.7	47.1	49.2
ρ_{t1}/(kg/m³)	1.14	1.14	1.14	1.13	1.12	1.12	1.11
t_2/℃	76.3	74.8	74	73.7	74.3	75.1	76.1
t_w/℃	99.4	99.0	98.6	98.4	98.4	98.4	98.4
at/℃	57.75	57.50	57.65	58.15	59.50	61.10	62.65
ρ_{at}/(kg/m³)	1.08	1.08	1.08	1.08	1.07	1.07	1.06
$\lambda_{at}\times 100$	2.88	2.88	2.88	2.88	2.89	2.90	2.92
c_{pat}	1005	1005	1005	1005	1005	1005	1005
$\mu_{at}\times 100000$	1.99	1.99	1.99	2.00	2.00	2.01	2.02

续表

项目 \ 实验序号	1	2	3	4	5	6	7
dt/℃	37.10	34.60	32.70	31.10	29.60	28.00	26.90
dat/℃	41.65	41.50	40.95	40.25	38.90	37.30	35.75
V_{t_1}/(m³/h)	14.80	20.96	25.71	29.74	33.36	36.55	38.12
V/(m³/h)	15.67	22.11	27.04	31.21	34.91	38.15	39.71
u/(m/s)	13.86	19.55	23.91	27.59	30.87	33.73	35.11
q_c/W	175	231	267	292	310	318	317
α_i/[W/(m²·℃)]	56	74	86	96	106	113	118
Re	15009	21203	25910	29817	33111	35867	37016
Nu	39	51	60	67	73	78	81
$Nu/Pr^{0.4}$	45	59	69	77	84	90	93

表 5-9 数据整理表(强化管换热器)

项目 \ 实验序号	1	2	3	4	5	6	7
流量/kPa	0.40	0.80	1.18	1.64	2.00	2.39	2.64
t_1/℃	40.1	40.5	41.8	43.8	46.1	50.0	52.4
ρ_{t_1}/(kg/m³)	1.14	1.14	1.13	1.13	1.12	1.11	1.10
t_2/℃	83.4	81.6	81.2	80.8	81.6	82.8	83.5
t_w/℃	99.6	99.1	99.0	98.6	98.7	98.7	98.7
at/℃	61.75	61.05	61.50	62.30	63.85	66.40	67.95
ρ_{at}/(kg/m³)	1.07	1.07	1.07	1.06	1.06	1.05	1.04
$\lambda_{at}\times 100$	2.91	2.90	2.91	2.91	2.93	2.94	2.96
c_{pat}	1005	1006	1007	1008	1009	1010	1011
$\mu_{at}\times 100000$	2.01	2.01	2.01	2.01	2.02	2.03	2.04
dt/℃	43.30	41.10	39.40	37.00	35.50	32.80	31.10
dat/℃	37.85	38.05	37.50	36.30	34.85	32.30	30.75
V_{t_1}/(m³/h)	13.25	18.75	22.82	26.98	29.90	32.88	34.69
V/(m³/h)	14.17	19.98	24.25	28.56	31.56	34.55	36.34
u/(m/s)	12.53	17.67	21.44	25.25	27.91	30.55	32.14
q_c/W	183	245	285	315	332	334	332
α_i/[W/(m²·℃)]	64	85	101	115	127	137	143
Re	13272	18789	22744	26671	29228	31548	32903
Nu	44	59	69	79	87	93	97
$Nu/Pr^{0.4}$	51	68	80	91	100	108	112

注:at——空气进口温度及出口温度平均值 t_m;

dt——即 Δt,进出口温度差;

dat——即 Δt_m,冷热流体间平均温度差度差。

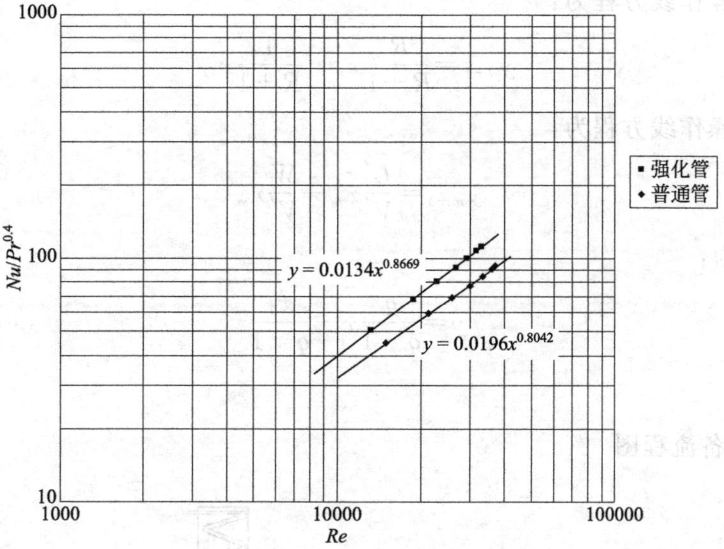

图5-29　套管换热器实验准数关联图

实验4　精馏实验仿真

一、实验内容

1. 测定精馏塔在全回流条件下，稳定操作后的全塔理论塔板数和总板效率。

2. 测定精馏塔在部分回流条件下，稳定操作后的全塔理论塔板数和总板效率。

二、实验目的

1. 了解板式精馏塔的结构和操作。

2. 学习精馏塔性能参数的测量方法，并掌握其影响因素。

三、实验原理

1. 全塔效率的测定（全回流）

精馏是将混合液加热至沸腾，所产生的蒸气（气相）与塔顶回流液在塔内逆流接触，经过在塔板上多次进行易挥发组分部分汽化、难挥发组分部分冷凝的过程，发生了热量与质量的传递。从而使混合液体达到分离的目的。

在一定的分离程度下塔的总效率 η：

$$\eta = \frac{N_T}{N_P} \times 100\% \tag{5-24}$$

式中　N_T——理论板数；

N_P——实际板数。

对于二元物系，如果已知其气-液平衡数据，则根据精馏塔的原料组成、进料状态、回流比、塔顶组成、釜液组成，则可求出该塔的理论板数 N_T。

2. 全塔效率的测定（部分回流）

要想测定部分回流时精馏塔的全塔效率，关键是确定理论塔板数。理论塔板数可根据相平衡数据、操作线方程以及 q 线方程，采用图解法或者逐板计算法确定。

精馏段的操作线方程为：

$$y_{n+1}=\frac{R}{R+1}x_n+\frac{1}{R+1}x_{\mathrm{D}} \tag{5-25}$$

提馏段的操作线方程为：

$$y_{m+1}=\frac{L'}{V'}x_m-\frac{W}{V'}x_{\mathrm{w}} \tag{5-26}$$

q 线方程为：

$$y=\frac{q}{q-1}x-\frac{x_{\mathrm{f}}}{q-1} \tag{5-27}$$

四、实验装置

1. 实验设备流程图

见图 5-30。

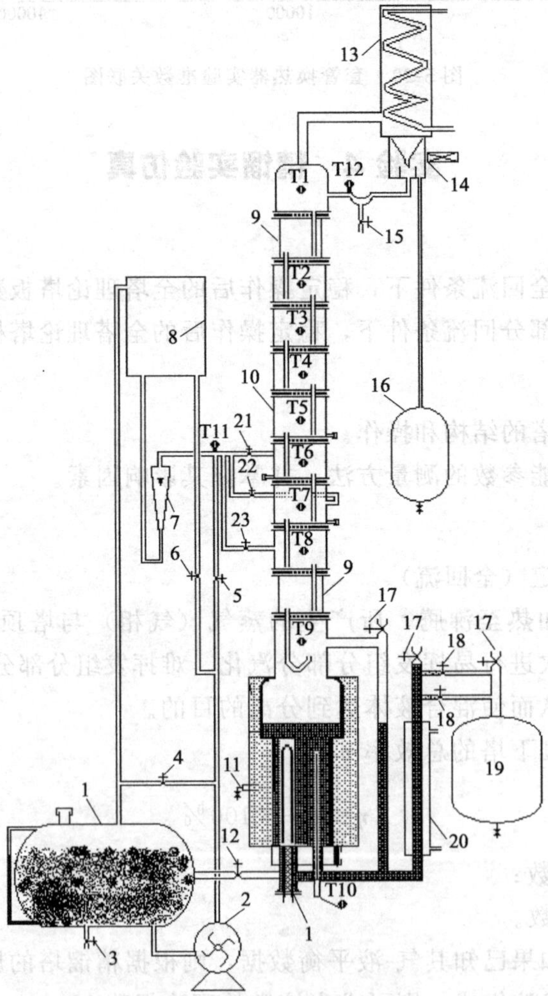

图 5-30　精馏实验装置流程图

1—储料罐；2—进料泵；3—放料阀；4—料液循环阀；5—直接进料阀；6—间接进料阀；7—流量计；8—高位槽；9—玻璃观察段；10—精馏塔；11—塔釜取样阀；12—釜液放空阀；13—塔顶冷凝器；14—回流比控制器；15—塔顶取样阀；16—塔顶液回收罐；17—放空阀；18—塔釜出料阀；19—塔釜储料罐；20—塔釜冷凝器；21—第六块板进料阀；22—第七块板进料阀；23—第八块板进料阀；T1～T12—温度测点

2. 实验试剂

（1）实验物系：乙醇-正丙醇。

（2）实验物系平衡关系见表 5-10。

表 5-10　乙醇-正丙醇 t-x-y 关系（以乙醇摩尔分数表示，x 为液相，y 为气相）

t	97.60	93.85	92.66	91.60	88.32	86.25	84.98	84.13	83.06	80.50	78.38
x	0	0.126	0.188	0.210	0.358	0.461	0.546	0.600	0.663	0.884	1.0
y	0	0.240	0.318	0.349	0.550	0.650	0.711	0.760	0.799	0.914	1.0

注：乙醇沸点：78.3℃；正丙醇沸点：97.2℃。

（3）实验物系浓度要求：15%～25%（乙醇质量分数）。

3. 实验设备面板图

见图 5-31。

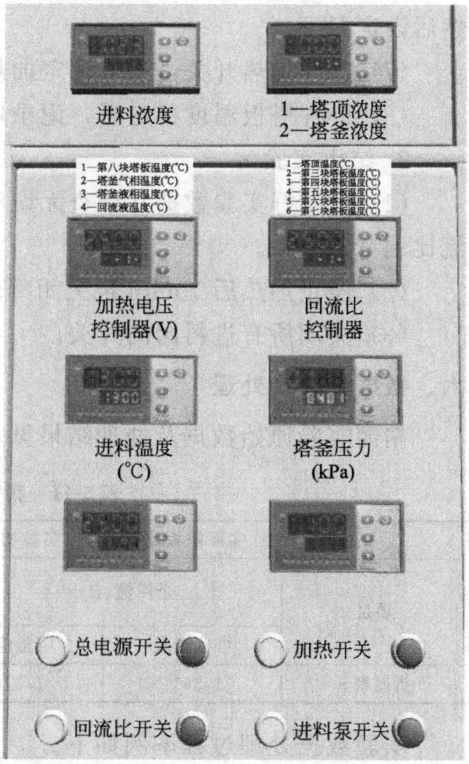

图 5-31　精馏设备仪表面板图（一）

4. 特殊说明

（1）回流比控制器　回流比控制器关的状态默认为全回流。回流比设定：打开回流比开关，回流比仪表面板前两位数值为回流时间，后两位数值为采出时间。设定方法同设定仪表操作方法一样（见图 5-32）。

（2）塔釜液位控制　塔釜液位采用自动控制，当塔釜液位超过规定的 60%后，塔釜出料磁阀自动打开，向塔釜储罐出料；当塔釜液位低于规定的 35%后，加热自动停止，防止塔釜蒸干。

五、实验步骤

1. 全回流操作

（1）打开总电源。

（2）打开塔顶冷凝器进水阀门（开度 50%），保证冷却水量 60L/h 左右。

（3）打开加热开关，调节设定加热电压约为 130V。

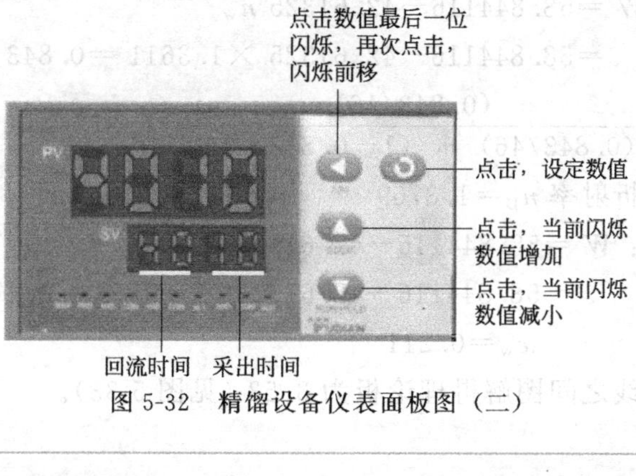

图 5-32　精馏设备仪表面板图（二）

(4) 保持加热釜电压不变，观察塔内各块塔板的温度直至各塔板及回流温度稳定，在全回流情况下稳定 15min 左右。然后分别记录塔顶、塔釜样品浓度。

2. 部分回流操作

(1) 打开总电源。

(2) 打开进料泵开关。

(3) 打开原料罐回流阀，部分原料回流。

(4) 打开塔顶冷凝器进水阀门（开度 50%），保证冷却水量 60L/h 左右。

(5) 打开间接进料阀门，调节水箱转子流量计开关，以 2.0～3.0L/h 的流量向塔内加料，打开第六、第七、第八块塔板进料阀门（开度 100%左右）。

(6) 打开回流比控制器开关，调节设定回流比为 $R=4$（在仪表面板上输入 401.0，然后设定即可）。

(7) 打开加热开关，调节设定加热电压约为 130V。

(8) 待各塔板温度稳定后，记录塔顶、塔釜样品浓度。

3. 结束实验

(1) 记录好实验数据并检查无误后可停止实验，关闭进料阀门和加热开关，关闭回流比调节器开关。

(2) 停止加热后 10min 再关闭冷却水，关闭总电源。

(3) 关闭所有进料阀门开关。

六、数据记录及处理

精馏实验原始数据及处理结果见表 5-11。

表 5-11 精馏实验原始数据及处理结果

实际塔板数:10 实验物系:乙醇-正丙醇 折射仪分析温度:30℃					
项目	全回流:$R=\infty$		部分回流:$R=4$ 进料量:2 L/h 进料温度:30.4℃		
	塔顶组成	塔釜组成	塔顶组成	塔釜组成	进料组成
折射率 n	1.3611	1.3769	1.3637	1.3782	1.3755

实验数据处理过程举例如下。

1. 全回流

塔顶样品折射率 $n_D=1.3611$

乙醇质量分数：$W=58.844116-42.61325\,n_w$

$$=58.844116-42.61325\times1.3611=0.843$$

摩尔分数：$x_D=\dfrac{(0.843/46)}{(0.843/46)+(1-0.843)/60}=0.875$

同理：塔釜样品折射率 $n_D=1.3769$

乙醇的质量分数：$W=58.844116-42.61325\,n_w$

$$=58.844116-42.61325\times1.3769=0.170$$

摩尔分数： $x_w=0.211$

在平衡线和操作线之间图解得理论板为 3.53（见图 5-33）。

全塔效率 $\eta=\dfrac{N_T}{N_P}=\dfrac{3.53}{10}=35.3\%$

2. 部分回流（$R=4$）

塔顶样品折射率 $n_D=1.3637$　　塔釜样品折射率 $n_D=1.3782$

进料样品折射率 $n_D=1.3755$

由全回流计算出质量、摩尔浓度 $x_D=0.781$　$x_w=0.144$　$x_F=0.280$

进料温度 $t_F=30.4$℃，在 $x_F=0.280$ 下泡点温度 91℃

$t_{泡}=9.1389\,x_F^2-27.861\,x_F+97.359=90.27$（℃）

乙醇在 60.3℃下的比热容 $C_{p1}=3.08$（kJ/kg·℃）

正丙醇在 60.3℃下的比热容 $C_{p2}=2.89$（kJ/kg·℃）

乙醇在 90.27℃下的汽化潜热 $r_1=821$（kJ/kg）

正丙醇在 90.27℃下的汽化潜热 $r_2=684$（kJ/kg）

混合液体比热容 $C_{pm}=46\times0.280\times3.08+60\times(1-0.280)\times2.89$
$=164.52[\text{kJ/(kmol·℃)}]$

混合液体汽化潜热 $r_{pm}=46\times0.280\times821+60\times(1-0.280)\times684$
$=40123.28(\text{kJ/kmol})$

$$q=\frac{C_{pm}(t_B-t_F)+r_m}{r_m}=\frac{164.52\times(90.27-30.4)+40123.28}{40123.28}=1.24$$

$$q\ 线斜率=\frac{q}{q-1}=5.17$$

在平衡线和精馏段操作线、提馏段操作线之间图解得理论板塔板数为 5.013(见图 5-34)。

$$全塔效率\ \eta=\frac{N_T}{N_P}=51.7\%$$

附图解法求解理论板见图 5-33、图 5-34。

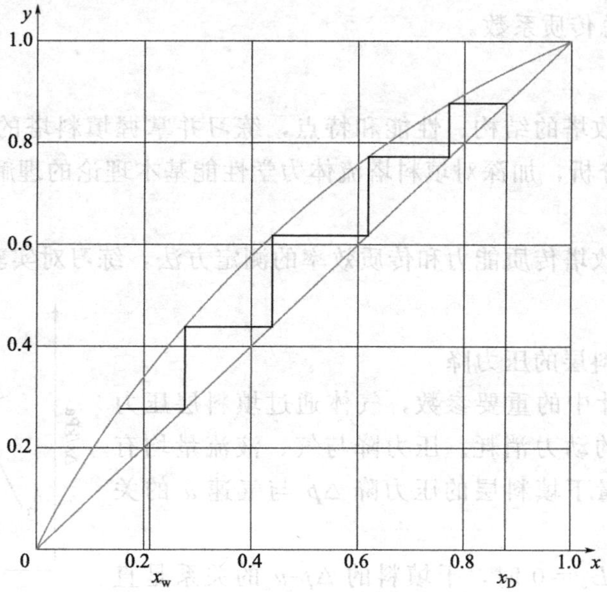

图 5-33　全回流平衡线和操作线图

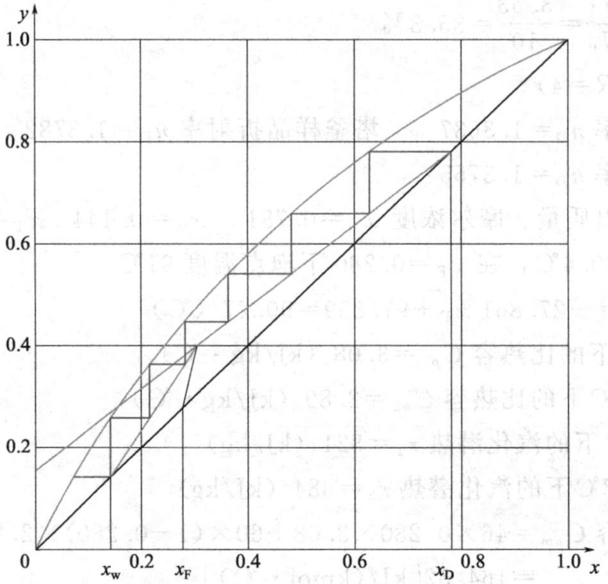

图 5-34　部分回流平衡线和操作线图

实验 5　吸收解吸实验仿真

一、实验内容

1. 测定填料层压力降与操作气速的关系，确定在一定液体喷淋量下的液泛气速。

2. 固定液相流量和入塔混合气二氧化碳的浓度，在液泛速度下，取两个相差较大的气相流量，分别测量塔的传质能力（传质单元数和回收率）和传质效率（传质单元高度和体积吸收总系数）。

3. 进行纯水吸收二氧化碳、空气解吸水中二氧化碳的操作练习，同时测定填料塔液侧传质膜系数和总传质系数。

二、实验目的

1. 了解填料吸收塔的结构、性能和特点，练习并掌握填料塔的操作方法；通过实验测定数据的处理分析，加深对填料塔流体力学性能基本理论的理解，加深对填料塔传质性能理论的理解。

2. 掌握填料吸收塔传质能力和传质效率的测定方法，练习对实验数据的处理分析。

三、实验原理

1. 气体通过填料层的压力降

压力降是塔设计中的重要参数，气体通过填料层压力降的大小决定了塔的动力消耗。压力降与气、液流量均有关，不同液体喷淋量下填料层的压力降 Δp 与气速 u 的关系如图 5-35 所示。

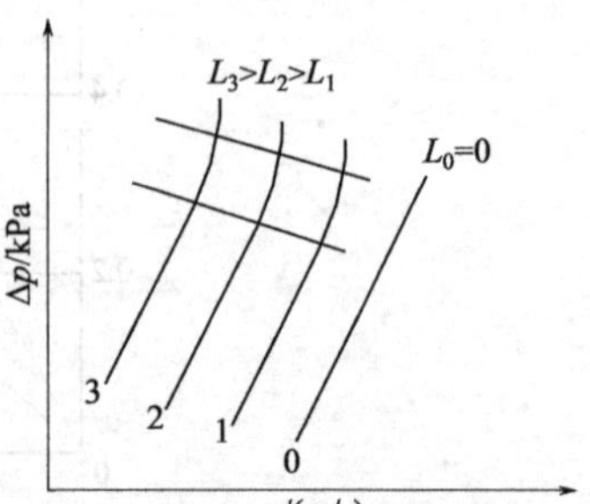

图 5-35　填料层的 Δp-u 关系

当液体喷淋量 $L_0=0$ 时，干填料的 Δp-u 的关系是直线，如图中的直线 0。当有一定的喷淋量时，Δp-u 的关系变成折线，并存在两个转折点，下转折点称为“载点”，上转折点称为“泛点”。这两个转折点将 Δp-u 关系分为三个区段：恒持液量区、载液区及液泛区。

2. 传质性能

吸收系数是决定吸收过程速率高低的重要参数，实验测定可获取吸收系数。对于相同的物系及一定的设备（填料类型与尺寸），吸收系数随着操作条件及气液接触状况的不同而变化。

3. 二氧化碳吸收-解吸实验

根据双膜模型（图 5-36）的基本假设，气侧和液侧的吸收质 A 的传质速率方程可分别表达为气膜

$$G_A = k_g A\ (p_A - p_{Ai}) \tag{5-28}$$

液膜

$$G_A = k_l A\ (c_{Ai} - c_A) \tag{5-29}$$

式中 G_A——A 组分的传质速率，kmol/s；

A——两相接触面积，m^2；

p_A——气侧 A 组分的平均分压，Pa；

p_{Ai}——相界面上 A 组分的平均分压，Pa；

c_A——液侧 A 组分的平均浓度，$kmol/m^3$；

c_{Ai}——相界面上 A 组分的浓度，$kmol/m^3$；

k_g——以分压表达推动力的气侧传质膜系数，kmol/（m^2·s·Pa）；

k_l——以物质的量浓度表达推动力的液侧传质膜系数，m/s。

以气相分压或以液相浓度表示传质过程推动力的相际传质速率方程又可分别表达为：

$$G_A = K_G A(p_A - p_A^*) \tag{5-30}$$

$$G_A = K_L A(c_A^* - c_A) \tag{5-31}$$

式中 p_A^*——液相中 A 组分的实际浓度所要求的气相平衡分压，Pa；

c_A^*——气相中 A 组分的实际分压所要求的液相平衡浓度，kmol/m^3；

K_G——以气相分压表示推动力的总传质系数或简称为气相传质总系数，kmol/（m^2·s·Pa）；

K_L——以气相分压表示推动力的总传质系数，或简称为液相传质总系数，m/s。

若气液相平衡关系遵循亨利定律：$c_A = H p_A$，则：

$$\frac{1}{K_G} = \frac{1}{k_g} + \frac{1}{HK_l} \tag{5-32}$$

$$\frac{1}{K_L} = \frac{H}{k_g} + \frac{1}{k_l} \tag{5-33}$$

当气膜阻力远大于液膜阻力时，则相际传质过程受气膜传质速率控制，此时，$K_G = k_g$；反之，当液膜阻力远大于气膜阻力时，则相际传质过程受液膜传质速率控制，此时，$K_L = k_l$。

如图 5-37 所示，在逆流接触的填料层内，任意载取一微分段，并以此为衡算系统，

则由吸收质 A 的物料衡算可得：

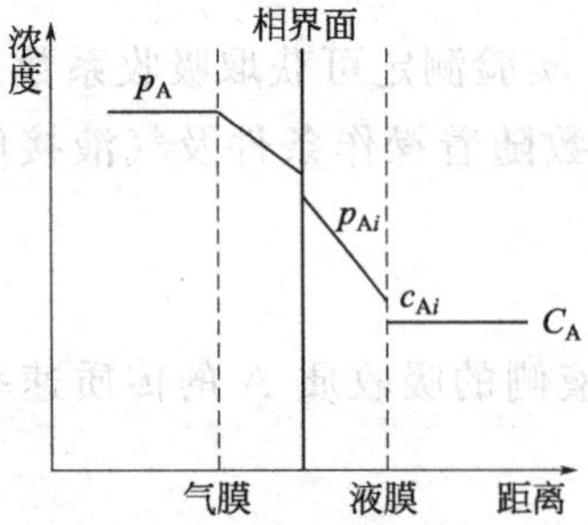

图 5-36　双膜模型的浓度分布图

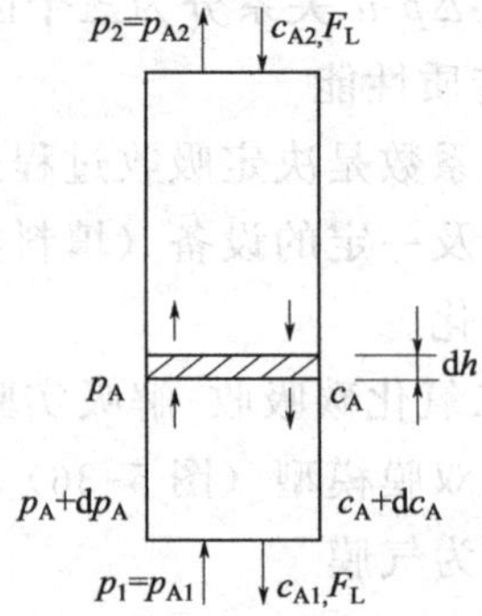

图 5-37　填料塔的物料衡算图

$$dG_A=\frac{F_L}{\rho_L}dc_A \tag{5-34a}$$

式中　F_L——液相摩尔流率，kmol/s；

ρ_L——液相摩尔密度，kmol/m^3。

根据传质速率基本方程式，可写出该微分段的传质速率微分方程：

$$dG_A=K_L(c_A^*-c_A)aSdh \tag{5-34b}$$

联立式（5-34a）、式（5-34b）可得：$dh=\frac{F_L}{K_LaS\rho_L}\times\frac{dc_A}{c_A^*-c_A}$　(5-35)

式中　a——气液两相接触的比表面积，m^2/m；

S——填料塔的横截面积，m^2。

本实验采用水吸收纯二氧化碳，且已知二氧化碳在常温、常压下溶解度较小，因此，液相摩尔流率 F_L 和摩尔密度 ρ_L 的比值即液相体积流率 V_{SL} 可视为定值，且设总传质系数 K_L 和两相接触比表面积 a 在整个填料层内为一定值，则按下列边值条件积分式(5-36)，可得填料层高度的计算公式：

$$h=0\quad c_A=c_{A2}\quad h=h\quad c_A=c_{A1} \tag{5-36}$$

$$h=\frac{V_{SL}}{K_LaS}\int_{c_{A2}}^{c_{A1}}\frac{dc_A}{c_A^*-c_A} \tag{5-37}$$

令 $H_L=\frac{V_{SL}}{K_LaS}$，且称 H_L 为液相传质单元高度（HTU）；

$N_L=\int_{c_{A2}}^{c_{A1}}\frac{dc_A}{c_A^*-c_A}$，且称 N_L 为液相传质单元数(NTU)。

因此，填料层高度为传质单元高度与传质单元数之乘积，即

$$h=H_LN_L \tag{5-38}$$

若气液平衡关系遵循亨利定律，即平衡曲线为直线，则式（5-38）为可用解析法解得填料层高度的计算式，即可采用下列平均推动力法计算填料层的高度或液相传质单元高度。

$$h=\frac{V_{SL}}{K_LaS}\times\frac{c_{A1}-c_{A2}}{\Delta c_{Am}} \tag{5-39}$$

$$N_{L}=\frac{h}{H_{L}}=\frac{h}{V_{SL}/K_{L}aS} \tag{5-40}$$

式中，Δc_{Am} 为液相平均推动力，即

$$\Delta c_{Am}=\frac{\Delta c_{A1}-\Delta c_{A2}}{\ln\dfrac{\Delta c_{A1}}{\Delta c_{A2}}}=\frac{(c_{A1}^{*}-c_{A1})-(c_{A2}^{*}-c_{A2})}{\ln\dfrac{c_{A1}^{*}-c_{A1}}{c_{A2}^{*}-c_{A2}}} \tag{5-41}$$

式中，$c_{A1}^{*}=Hp_{A1}=Hy_{1}p_{0}$，$c_{A2}^{*}=Hp_{A2}=Hy_{2}p_{0}$，$p_{0}$ 为大气压。

二氧化碳的溶解度常数：

$$H=\frac{\rho_{w}}{M_{w}}\times\frac{1}{E}\ [\mathrm{kmol/(m^{3}\cdot Pa)}] \tag{5-42}$$

式中　ρ_{w}——水的密度，kg/m^{3}；

M_{w}——水的摩尔质量，kg/kmol；

E——二氧化碳在水中的亨利系数，Pa。

因本实验采用的物系不仅遵循亨利定律，而且气膜阻力可以不计，在此情况下，整个传质过程阻力都集中于液膜，即属液膜控制过程，则液侧体积传质膜系数等于液相体积传质总系数，即

$$k_{1}a=K_{L}a=\frac{V_{SL}}{hS}\times\frac{c_{A1}-c_{A2}}{\Delta c_{Am}} \tag{5-43}$$

四、实验装置

1. 二氧化碳吸收与解吸实验装置

二氧化碳吸收与解吸实验装置流程示意图见图 3-11。

2. 实验仪表面板图

见图 5-38。

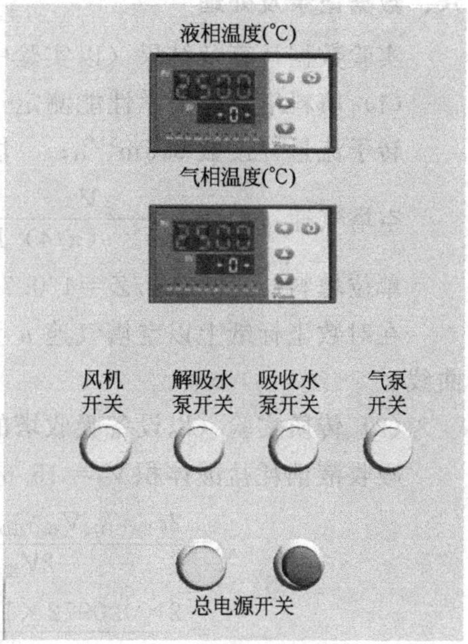

图 5-38　实验装置面板图

五、实验步骤

1. 测量吸收塔干填料层（$\Delta p/Z$）-u 关系曲线（只做解吸塔）

（1）打开总电源开关。

（2）打开空气旁通阀 5 至全开，启动风机。

（3）打开空气流量计 6，逐渐关小空气旁通阀 5 的开度，调节进塔的空气流量。

（4）稳定后读取填料层压降 Δp 的数值（注意单位换算），然后改变空气流量，从小到大共测定 8～10 组数据，记录数据。

2. 测量填料塔在喷淋量下填料层（$\Delta p/Z$）-u 关系曲线（只做解吸塔）

（1）打开总电源开关。

（2）打开吸收液液泵 3 开关，调节吸收液流量计 7，将水流量固定在 100L/h。

（3）采用上面相同步骤调节空气流量，稳定后分别读取并记录填料层压降 Δp、转

子流量计读数和流量计处所显示的空气温度，操作中随时注意观察塔内现象，一旦出现液泛，记下对应空气转子流量计读数。

3. 二氧化碳吸收传质系数测定

吸收塔与解吸塔（水流量控制在 40L/h）。

（1）打开空气旁通阀 5。

（2）启动解吸液液泵 2，调节解吸液流量计阀 14，控制水流量在 40L/h。

（3）打开二氧化碳钢瓶顶上的减压阀 20，打开二氧化碳气体流量计 15，控制二氧化碳流量在 $0.2m^3/h$ 左右。

（4）启动气泵，调节吸收用空气流量计 16，控制流量在 $0.51m^3/h$ 左右，向吸收塔内通入二氧化碳和空气的混合气体。

（5）启动吸收液液泵 3，调节吸收液流量计阀 7，控制水流量在 40L/h。启动风机，打开空气流量计 6，利用空气旁通阀 5 调节空气流量至约 $0.5\ m^3/h$，对解吸塔中的吸收液进行解吸。

（6）操作达到稳定状态之后，记录气相温度、液相温度，同时取样，测定两塔塔顶、塔底溶液中二氧化碳的含量（实验时注意吸收塔水流量计和解吸塔水流量计数值要一致，并注意解吸水箱中的液位，两个流量计要及时调节，以保证实验时操作条件不变）。

六、数据记录及处理

实验数据计算及结果（以实验中所取得的第二组数据为例）

（1）填料塔流体力学性能测定（以解吸填料塔干填料数据为例）

转子流量计读数 $0.5m^3/h$；　填料层压降 U 形管读数 $4.0\ mmH_2O$

空塔气速：$u=\dfrac{V}{3600\times(\pi/4)D^2}=\dfrac{0.5}{3600\times(\pi/4)\times0.050^2}=0.07\ (m/s)$

单位填料层压降 $\Delta p/Z=4/0.78=5.1\ (mmH_2O/m)$

在对数坐标纸上以空塔气速 u 为横坐标，$\Delta p/Z$ 为纵坐标作图，标绘 $\Delta p/Z\text{-}u$ 关系曲线。

（2）传质实验（以设备吸收塔的传质实验为例）

吸收液消耗盐酸体积 $V_1=15.6\ mL$，则吸收液浓度为：

$$c_{A1}=\frac{2c_{Ba(OH)_2}V_{Ba(OH)_2}-c_{HCl}V_{HCl}}{2V_{溶液}}$$

$$=\frac{2\times0.0972\times10-0.018\times15.6}{2\times20}=0.00648\ (kmol/m^3)$$

因纯水中含有少量的二氧化碳，所以纯水滴定消耗盐酸体积 $V=17.9mL$，则塔顶水中 CO_2 浓度为：

$$c_{A2}=\frac{2c_{Ba(OH)_2}V_{Ba(OH)_2}-c_{HCl}V_{HCl}}{2V_{溶液}}$$

$$=\frac{2\times0.0972\times10-0.108\times17.9}{2\times20}=0.00027(mol/m^3)$$

根据塔底液温度 $t=25℃$ 查得 CO_2 亨利系数：$E=1.66\times10^5$kPa

则 CO_2 的溶解度常数为：$H=\frac{\rho_w}{M_w}\times\frac{1}{E}=\frac{1000}{18}\times\frac{1}{1.66\times10^8}$

$=3.35\times10^{-7}$ [kmol/(m^3·Pa)]

塔顶和塔底的平衡浓度为：$c_{A1}^*=Hp_{A1}=Hy_1p_0$

$$=3.35\times10^{-7}\times\left(0.3\times\sqrt{\frac{1.204}{1.85}}/0.3\times\sqrt{\frac{1.204}{1.85}}+0.7\right)\times101325=0.87\ (\mathrm{mol/m^3})$$

$c_{A2}^*=Hp_{A2}=Hy_2p_0=0.81$ (mol/m^3)

液相平均推动力为：

$$\Delta c_{Am}=\frac{\Delta c_{A1}-\Delta c_{A2}}{\ln\frac{\Delta c_{A2}}{\Delta c_{A1}}}=\frac{(c_{A2}^*-c_{A2})-(c_{A1}^*-c_{A1})}{\ln\frac{c_{A2}^*-c_{A2}}{c_{A1}^*-c_{A1}}}=\frac{c_{A1}-c_{A2}}{\ln\frac{c_{A2}^*-c_{A2}}{c_{A1}^*-c_{A1}}}$$

$$=\frac{0.00648-0.00027}{\ln\frac{0.0081-0.00027}{0.0087-0.00648}}=0.0139\ (\mathrm{kmol/m^3})$$

因本实验采用的物系不仅遵循亨利定律，而且气膜阻力可以不计，在此情况下，整个传质过程阻力都集中于液膜，属液膜控制过程，则液侧体积传质膜系数等于液相体积传质总系数，即

$$k_1a=K_La=\frac{V_{SL}}{hS}\times\frac{c_{A1}-c_{A2}}{\Delta c_{Am}}$$

$$=\frac{40\times10^{-3}/3600}{0.80\times3.14\times(0.050)^2/4}\times\frac{0.00648-0.00027}{0.0139}=0.0049\ (\mathrm{m/s})$$

实验结果列表见表5-12～表5-15，实验装置的 $\Delta p/Z\text{-}u$ 的关系曲线见图5-39。

表5-12 二氧化碳在水中的亨利系数（$E\times10^{-5}$） 单位：kPa

气体	温度/℃										
	0	5	10	15	20	25	30	35	40	45	50	60
CO_2	0.738	0.888	1.05	1.24	1.44	1.66	1.88	2.12	2.36	2.60	2.87	3.46

表5-13 填料塔流体力学性能测定(干填料)

$L=0$ 填料层高度 $Z=0.78$m 塔径 $D=0.05$m

序号	填料层压力降/mmH$_2$O	单位高度填料层压力降/(mmH$_2$O/m)	空气转子流量计读数/(m^3/h)	空塔气速/(m/s)
1	2	2.6	0.25	0.04
2	4	5.1	0.5	0.07
3	8	10.3	1.1	0.16
4	10	12.8	1.4	0.20
5	12	15.4	1.7	0.24
6	16	20.5	2	0.28
7	18	23.1	2.2	0.31
8	22	28.2	2.5	0.35

表 5-14 填料塔流体力学性能测定(湿填料)

L=100L/h 填料层高度 Z=0.78m 塔径 D=0.05m					
序号	填料层压力降/mmH_2O	单位高度填料层压力降/(mmH_2O/m)	空气转子流量计读数/(m^3/h)	空塔气速/(m/s)	操作现象
1	38	48.7	0.50	0.07	正常
2	47	60.3	0.60	0.08	正常
3	56	71.8	0.70	0.10	正常
4	69	88.5	0.80	0.11	正常
5	86	110.3	0.90	0.13	正常
6	100	128.2	1.00	0.14	正常
7	112	143.6	1.10	0.16	正常
8	131	167.9	1.20	0.17	正常
9	146	187.2	1.30	0.18	积水
10	158	202.6	1.40	0.20	积水
11	212	271.8	1.50	0.21	液泛
12	279	357.7	1.60	0.23	液泛

表 5-15 填料吸收塔传质实验技术数据

被吸收的气体:CO_2 吸收剂:纯水 塔内径:50mm	
塔类型	填料吸收塔
填料种类	瓷拉西环
填料尺寸/mm	10×10
填料层高度/m	0.78
空气转子流量计读数/(m^3/h)	0.7
CO_2转子流量计处温度/℃	25.0
流量计处 CO_2的体积流量/(m^3/h)	0.242
水转子流量计读数	60.0
水流量	60.0
中和 CO_2用 $Ba(OH)_2$的浓度/(kmol/m^3)	0.0972
中和 CO_2用 $Ba(OH)_2$的体积/mL	10
滴定用盐酸的浓度/(kmol/m^3)	0.108
滴定塔底吸收液用盐酸的体积/mL	15.6
滴定空白液用盐酸的体积/mL	17.9
样品的体积/mL	20
塔底液相的温度/℃	25
亨利常数 $E/10^8$Pa	1.66

续表

被吸收的气体：CO_2 吸收剂：纯水 塔内径：50mm	
塔底液相浓度 $c_{A1}/(kmol/m^3)$	0.00648
空白液相浓度 $c_{A2}/(kmol/m^3)$	0.00027
传质单元高度 $H_{LE-7}/[kmol/(m^3 \cdot Pa)]$	3.34672
y_1	0.25691
平衡浓度 $c_{A1}{}^*/10^{-2}kmol/m^3$	0.8720
$c_{A1}{}^* - c_{A1}$	0.0022
y_2	0.2450
平衡浓度 $c_{A2}{}^*/(10^{-2}kmol/m^3)$	0.8316
平均推动力 $\Delta c_{Am}/(kmol/m^3)$	0.0048
液相体积传质系数 $K_{Y_a}/(m/s)$	0.013
吸收率	0.046322

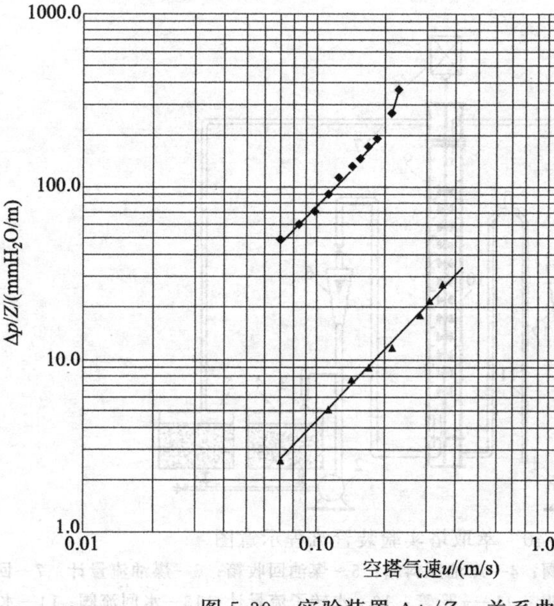

图 5-39 实验装置 $\Delta p/Z$-u 关系曲线图

实验 6 萃取塔实验仿真

一、实验内容

1. 测定萃取塔的传质单元数 N_{OH}、传质单元高度 H_{OH} 及总传质单元系数 K_{YE}（固定两相流量，改变桨叶转速）。

2. 探索提高萃取塔传质效率的方法。

二、实验目的

1. 了解转盘萃取塔的结构和特点；

2. 掌握液-液萃取塔的操作；

3. 掌握传质单元高度的测定方法，并分析外加能量对液-液萃取塔传质单元高度和通量的影响。

三、实验原理

萃取是利用原料液中各组分在两个液相中的溶解度不同而使原料液混合物得以分离。将一定量萃取剂加入原料液中，然后加以搅拌使原料液与萃取剂充分混合，溶质通过相界面由原料液向萃取剂中扩散，所以萃取操作与精馏、吸收等过程一样，也属于两相间的传质过程。与精馏、吸收过程类似，由于过程的复杂性，萃取过程也被分解为理论级和级效率；或传质单元数和传质单元高度，对于转盘塔、振动塔这类微分接触的萃取塔，一般采用传质单元数和传质单元高度来处理。传质单元数表示过程分离难易的程度。

四、实验装置

1. 实验装置的流程

示意图见图 5-40。

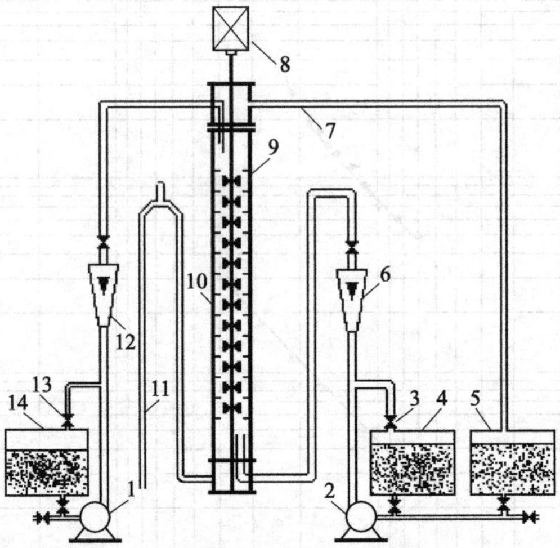

图 5-40　萃取塔实验装置流程示意图

1—水泵；2—油泵；3—煤油回流阀；4—煤油原料箱；5—煤油回收箱；6—煤油流量计；7—回流管；8—电机；9—萃取塔；10—桨叶；11—π 形管；12—水转子流量计；13—水回流阀；14—水箱

2. 实验装置流程简介

轻相储槽内加入煤油-苯甲酸溶液至储槽正常液位，重相储槽内加入清水至储槽正常液位，启动重相泵将清水加入到萃取塔内，建立萃取剂循环，然后再启动轻相泵将煤油-苯甲酸溶液加入到萃取塔，控制合适的塔底采出流量，控制塔底重相液位正常、塔顶相界面正常，启动高压气泵往萃取塔内加入空气，加快轻-重相传质速度，逐渐加大塔底采出量，控制各工艺参数在正常范围内，分相器内轻相采出至萃余相储槽，重相采出至萃取相储槽。

3. 实验装置面板

示意图见图 5-41。

五、实验步骤

1. 打开总电源。

2. 打开水相入口阀，水箱内放满水，打开油箱进口阀放满配制好的轻相入口煤油。

3. 分别启动水相和煤油相送液泵，打开两相回流阀，使其循环流动。

4. 打开水转子流量计调节阀，将重相送入塔内。

5. 当塔内水面逐渐上升到重相入口与轻相出口之间的中点时，将水流量调至指定值（约 4L/h）。

6. 打开调速器开关，调节旋钮设定转速为 500r/min。

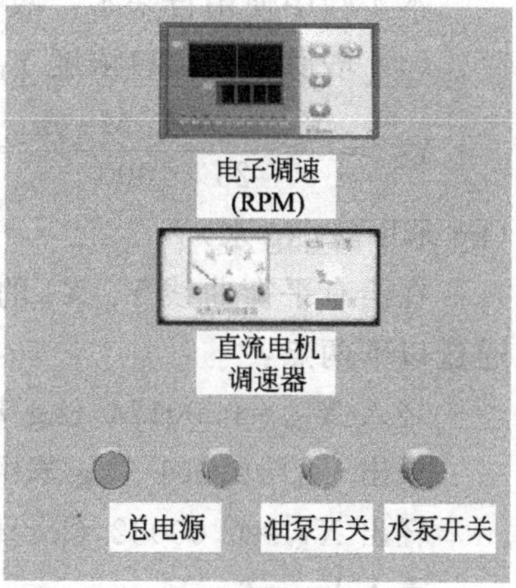

图 5-41　实验设备面板示意图

7. 打开油相流量计调节阀，将轻相流量调至指定值（约 6L/h）。在实验过程中，始终保持塔顶分离段两相的相界面位于重相入口与轻相出口之间中点左右（DCS 画面中设定 π 形管高度为 0.65m）。

8. 维持操作稳定一段时间后，记录轻相进、出口样品浓度，重相出口样品浓度。

9. 取值后，改变桨叶转速，其他条件维持不变，进行第二个实验点的测试。

10. 实验完毕后，关闭两相流量计。将调速器旋钮调至零位，关闭调速器。

11. 关闭水泵、油泵，关闭总电源。

六、数据记录及处理

萃取相传质单元数 N_{OE} 的计算公式为：$N_{OE}=\int_{Y_{Et}}^{Y_{Eb}}\frac{dY_E}{Y_E^*-Y_E}$

式中　Y_{Et}——苯甲酸进入塔顶的萃取相质量比组成，kg 苯甲酸/kg 水，本实验中 $Y_{Et}=0$；

Y_{Eb}——苯甲酸离开塔底萃取相质量比组成，kg 苯甲酸/kg 水；

Y_E——苯甲酸在塔内某一高度处萃取相质量比组成，kg 苯甲酸/kg 水；

Y_E^*——与苯甲酸在塔内某一高度处萃余相组成 X_R 成平衡的萃取相中的质量比组成，kg 苯甲酸/kg 水。

利用 Y_E-X_R 图上的分配曲线（平衡曲线）与操作线，可求得 $\frac{1}{Y_E^*-Y_E}$-Y_E 关系，然后再进行图解积分，可求得 N_{OE}。对于水-煤油-苯甲酸物系，$Y_{Et}-X_R$ 图上的分配曲线可实验测绘。

1. 传质单元数 N_{OE}（图解积分法）（以桨叶 400r/min 为例）

（1）塔底轻相入口浓度 X_{Rb}

$$X_{Rb}=\frac{V_{NaOH}N_{NaOH}M_{苯甲酸}}{10\times800}=\frac{10.6\times0.01076\times122}{10\times800}=0.00174\ (\text{kg 苯甲酸/kg 煤油})$$

（2）塔顶轻相出口浓度 X_{Rt}

$$X_{Rt}=\frac{V_{NaOH}N_{NaOH}M_{苯甲酸}}{10\times800}=\frac{5.0\times0.01076\times122}{10\times800}=0.00082\ (\text{kg 苯甲酸/kg 煤油})$$

（3）塔顶重相入口浓度 Y_{Et}

本实验中使用自来水，故视 $Y_{Et}=0$。

(4) 塔底重相出口浓度 Y_{Eb}

$$Y_{Eb}=\frac{V_{NaOH}N_{NaOH}M_{苯甲酸}}{25\times1000}=\frac{19.1\times0.01076\times122}{25\times1000}=0.001$$

(kg 苯甲酸/kg 水)

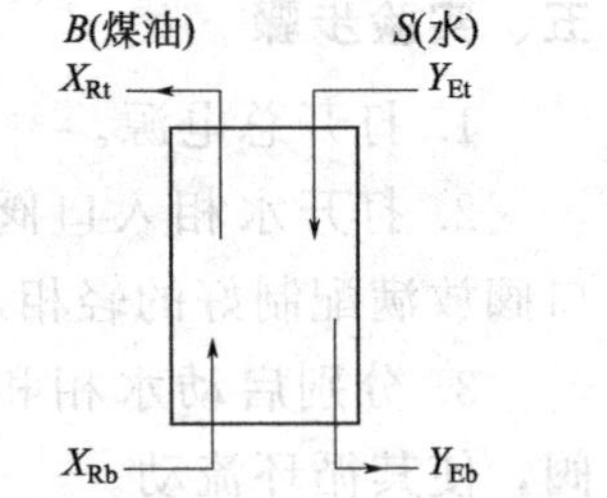

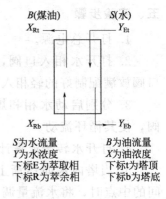

S为水流量　B为油流量
Y为水浓度　X为油浓度
下标E为萃取相　下标t为塔顶
下标R为萃余相　下标b为塔底

在绘有平衡曲线 Y_E-X_R 的图上绘制操作线，因为操作线通过以下两点：

轻入 $X_{Rb}=0.00174$（kg 苯甲酸/ kg 煤油）

重出 $Y_{Eb}=0.001$（kg 苯甲酸/ kg 水）

轻出 $X_{Rt}=0.00082$（kg 苯甲酸/ kg 煤油）

重入 $Y_{Et}=0$

在 Y_E-X_R 图上找出以上两点，连结两点即为操作线。在 $Y_E=Y_{Et}=0$ 至 $Y_E=Y_{Eb}=0.001$ 之间，任取一系列 Y_E 值，可在操作线上对应找出一系列的 X_R 值，再在平衡曲线上对应找出一系列的 $Y_E{}^*$ 值，代入公式计算出一系列的 $\frac{1}{Y_E^*-Y_E}$ 值。结果如表 5-16 所示。

表 5-16　计算结果

Y_E	X_R	$Y_E{}^*$	$\frac{1}{Y_E{}^*-Y_E}$
0	0.00082	0.000755	1324
0.0001	0.00091	0.00081	1408
0.0002	0.00100	0.000862	1511
0.0003	0.00110	0.00091	1639
0.0004	0.00119	0.00096	1786
0.0005	0.00128	0.000995	2020
0.0006	0.00137	0.00103	2325
0.0007	0.00146	0.00107	2703
0.0008	0.00156	0.00110	3333
0.0009	0.00165	0.00113	4348
0.001	0.00174	0.00116	6250

在直角坐标纸上，以 Y_E 为横坐标，以 $\frac{1}{Y_E{}^*-Y_E}$ 为纵坐标，将表 5-16 中的 Y_E 与 $\frac{1}{Y_E{}^*-Y_E}$ 系列对应值标绘成曲线（见图 5-42）。在 $Y_E=0$ 至 $Y_E=0.001$ 之间的曲线以下的面积即为按萃取相计算的传质单元数。

$$N_{OE}=\int_{Y_{Et}}^{Y_{Eb}}\frac{dY_E}{Y_E{}^*-Y_E}=2.46 \quad（见图解积分图）$$

2. 按萃取相计算的传质单元高度 H_{OE}

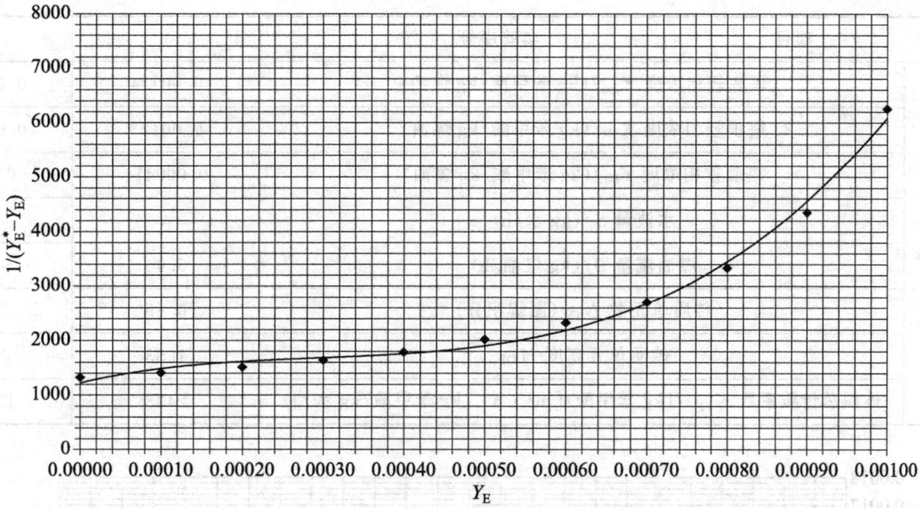

图 5-42　图解积分图

$$H_{OE}=H/N_{OE}=0.75/2.46=0.30\ (m)$$

注：0.75m 指塔釜轻相入口管到塔顶两相界面之间的距离。

3. 按萃取相计算的体积总传质系数

$$K_{Y_{Ea}}=S/(H_{OE}A)=4/[0.31(\pi/4)\times0.037^2]$$

$$=12007\frac{\text{kg 苯甲酸}}{m^3\times h\times(\text{kg 苯甲酸/kg 水})}$$

萃取塔性能测定数据如表 5-17 所示，煤油-水-苯甲酸系统平衡曲线如图 5-43 所示。

表 5-17　萃取塔性能测定数据

塔型：桨叶式搅拌萃取塔　萃取塔内径：37 mm　萃取塔有效高度：0.75m
溶质 A：苯甲酸　稀释剂 B：煤油　萃取剂 S：水　塔内温度 $t=15$℃
连续相：水　分散相：煤油　流量计转子密度 $\rho_f=7900\ kg/m^3$
轻相密度 800 kg/m³　　重相密度 1000 kg/m³

实验序号			1	2
桨叶转速/(r/min)			300	400
水转子流量计读数/(L/h)			4	4
煤油转子流量计读数/(L/h)			6	6
校正得到的煤油实际流量/(L/h)			6.804	6.804
浓度分析	NaOH 溶液浓度/(mol/L)		0.01076	0.01076
	塔底轻相 X_{Rb}	样品体积/mL	10	10
		NaOH 用量/mL	10.6	10.6
	塔顶轻相 X_{Rt}	样品体积/mL	10	10
		NaOH 用量/mL	7.5	5.0
	塔底重相 Y_{Bb}	样品体积/mL	25	25
		NaOH 用量/mL	7.9	19.1

续表

项目	实验序号	1	2
计算及实验结果	塔底轻相浓度 X_{Rb}/(kg 苯甲酸/kg 煤油)	0.00174	0.00174
	塔顶轻相浓度 X_{Rt}/(kg 苯甲酸/kg 煤油)	0.00123	0.00082
	塔底重相浓度 Y_{Bb}/(kg 苯甲酸/kg 煤油)	0.000414	0.001
	水流量 S/(kg 水/h)	4	4
	煤油流量 B/(kg 煤油/h)	5.44	5.44
	传质单元数 N_{OE}(图解积分)	0.49	2.46
	传质单元高度 H_{OE}	1.53	0.31
	体积总传质系数 $K_{Y_{E}a}$/{kg 苯甲酸/[m³·h·(kg 苯甲酸/kg 水)]}	2433	12007

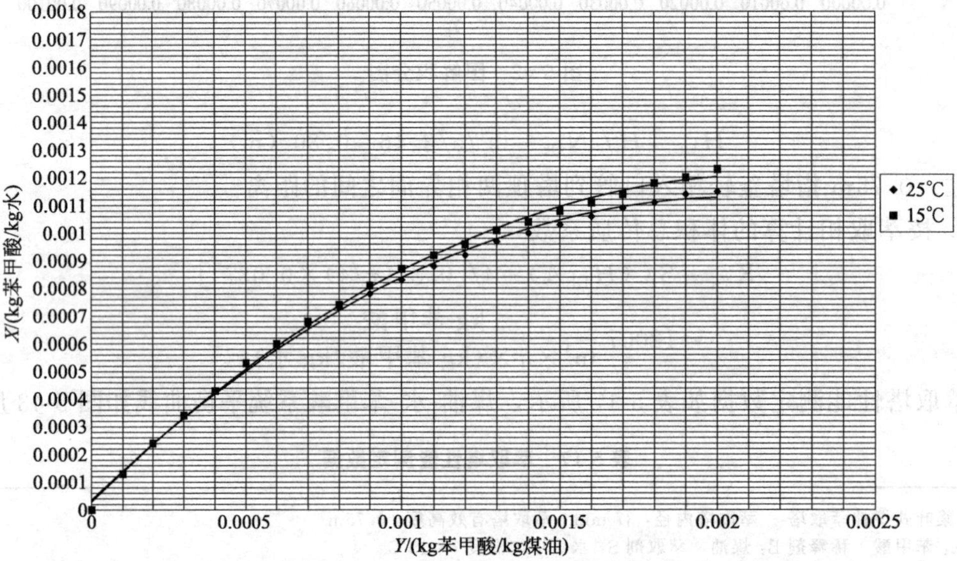

图 5-43 煤油-水-苯甲酸系统平衡曲线

实验 7 洞道干燥实验仿真

一、实验内容

在恒定干燥操作条件下，测定湿物料干燥曲线、干燥速率曲线及临界含水量 X_c。

二、实验目的

1. 熟悉道式干燥装置的基本结构、工艺流程、工作原理和操作方法。

2. 练习并掌握物料含水量的测定方法。

3. 在恒定干燥操作条件下，测定湿物料干燥曲线、干燥速率曲线及临界含水量 X_c。

4. 计算恒速干燥阶段湿物料与热空气之间对流传热系数。

三、实验原理

在干燥设备的设计计算中，往往要了解物料由初始含水量降到最终含水量时，物料应在干燥器内的停留时间，然后就可计算各种干燥器的工艺尺寸。通过测定干燥过程中物料的含水量或物料的表面温度与干燥时间的关系可以得到干燥曲线，即含水率与干燥时间曲线或表面温度与干燥时间曲线。

干燥速率 U 等于单位时间从被干燥物料的单位面积上除去的水分重量，只要测出各个时间段内物料的失水量就可以计算物料的干燥速率。干燥速率受很多因素的影响，它与物料及干燥介质都有关系。在干燥条件不变的情况下，对于同类的物料，当干燥面积一定时，干燥速率是物料湿含量的函数，表示此函数关系的曲线称为干燥速率曲线。干燥速率曲线也可由干燥曲线求出。

四、实验装置

1. 洞道式干燥器实验装置流程

示意图见图 5-44。

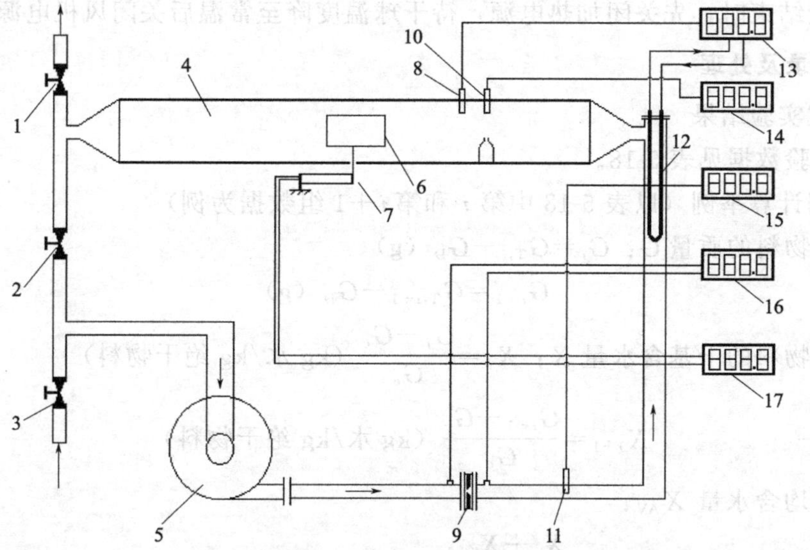

图 5-44　洞道式干燥器实验装置流程示意图

1—废气排出阀；2—废气循环阀；3—空气进气阀；4—洞道干燥器；5—风机；6—干燥物料；7—称重传感器；8—干球温度计；9—孔板流量计；10—湿球温度计；11—空气进口温度计；12—加热器；13—干球温度显示控制仪表；14—湿球温度显示仪表；15—进口温度显示仪表；16—流量压差显示仪表；17—质量显示仪表

2. 实验装置仪表面板

示意图见图 5-45。

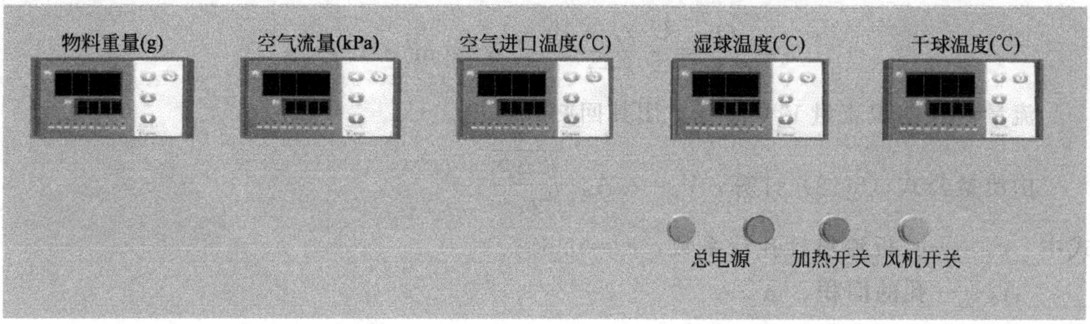

图 5-45　洞道式干燥器实验装置面板图

五、实验步骤

1. 打开总电源。

2. 调节空气进气阀 3 至全开，启动风机。

3. 通过废气排出阀 1 和废气循环阀 2 调节空气到指定流量后，打开加热开关。在智能仪表中设定干球温度为 70℃，仪表自动调节到指定的温度。

4. 在空气温度、流量稳定条件下，读取称重传感器 7 测定支架的质量并记录下来。

5. 待干球温度稳定后，打开舱门，点击画面上的物品栏，拖动其中的物品放进称重传感器 7 上并与气流平行放置，关闭舱门，开始计时。

6. 在系统稳定状况下，记录每隔 3min 干燥物料减轻的质量，直至干燥物料的质量不再明显减轻为止。

7. 改变空气流量和空气温度，重复上述实验步骤并记录相关数据。

8. 实验结束时，先关闭加热电源，待干球温度降至常温后关闭风机电源和总电源。

六、数据记录及处理

1. 调试实验结果

调试实验数据见表 5-18。

2. 数据计算举例（以表 5-18 中第 i 和第 $i+1$ 组数据为例）

被干燥物料的质量 G：$G_i=G_{T,i}-G_D$（g）

$$G_{i+1}=G_{T,i+1}-G_D \text{（g）}$$

被干燥物料的干基含水量 X：$X_i=\dfrac{G_i-G_c}{G_c}$（kg 水/kg 绝干物料）

$$X_{i+1}=\frac{G_{i+1}-G_c}{G_c} \text{（kg 水/kg 绝干物料）}$$

物料平均含水量 X_{AV}：

$$X_{AV}=\frac{X_i+X_{i+1}}{2} \text{（kg 水/kg 绝干物料）}$$

平均干燥速率 $U=-\dfrac{G_c\times10^{-3}}{S}\times\dfrac{dX}{dT}=-\dfrac{G_c\times10^{-3}}{S}\times\dfrac{X_{i+1}-X_i}{T_{i+1}-T_i}$ [kg 水/（s · m²）]

干燥曲线（X-T 曲线）用 X、T 数据进行标绘，见图 5-46。

干燥速率曲线（U-X 曲线）用 U、X_{AV}数据进行标绘，见图 5-47。

恒速阶段空气至物料表面的对流传热系数：

$$\alpha=\frac{Q}{S\Delta t}=\frac{U_c\gamma_{t_w}\times10^3}{t-t_w} \text{[W/（m}^2\text{ · ℃）]}$$

流量计处体积流量 V_t（m³/h）用其回归式算出。

由流量公式（5-18）计算，$V_t=c_0A_0\sqrt{\dfrac{2\Delta p}{\rho_{t_0}}}$

式中 c_0——孔板流量计孔流系数，$c_0=0.65$；

A_0——孔的面积，m²；

d_0——孔板孔径，$d_0=0.040$ m；

Δp——孔板两端压差，kPa；

V_t——空气入口温度（及流量计处温度）下的体积流量，m^3/h；

ρ_{t_0}——空气入口温度（及流量计处温度）下的密度，kg/m^3。

干燥试样放置处的空气流量：$V=V_t\times\frac{273+t}{273+t_0}$ (m^3/h)

干燥试样放置处的空气流速：$u=\frac{V}{3600A}$ (m/s)

以表 5-18 中的实验数据为例进行计算。

$i=1$　$i+1=2$　$G_{T,i}=185.3g$　$G_{T,i+1}=184.1g$　$G_D=88.7g$

$G_i=96.6$（g）　$G_{i+1}=95.4$（g）　$G_c=32$（g）

$X_i=2.0188$（kg 水/kg 绝干物料）

$X_{i+1}=1.9813$（kg 水/kg 绝干物料）

$X_{AV}=2.0000$（kg 水/kg 绝干物料）

$S=2\times0.139\times0.078=0.02168$ (m^2)

$T_i=0$ (s)，　$T_{i+1}=180$ (s)

$U=3.074\times10^{-4}$ [kg 水/（$s\cdot m^2$）]

3. 实验数据记录表及相关图

见表 5-18 和图 5-46、图 5-47。

表 5-18　实验数据记录及整理结果

空气孔板流量计读数 R:0.55kPa　流量计处的空气温度 t_0:34.2℃　干球温度 t:70℃

湿球温度 t_w:28.4℃　框架质量 G_D:88.7g　绝干物料量 G_c:32g

干燥面积 S:0.139×0.078×2=0.021684(m^2)　洞道截面积:0.15×0.2=0.03(m^2)

序号	累计干燥时间 T/min	物料与框架的总质量 G_T/g	物料干基含水量 X/(kg 水/kg 绝干物料)	两次记录之间物料的平均含水量 X_{AV}/(kg 水/kg 绝干物料)	干燥速率 $U\times10^4$/[kg/($s\cdot m^2$)]
1	0	185.3	2.0188	2.0000	3.074
2	3	184.1	1.9813	1.9516	4.868
3	6	182.2	1.9219	1.8938	4.612
4	9	180.4	1.8656	1.8313	5.637
5	12	178.2	1.7969	1.7641	5.380
6	15	176.1	1.7313	1.7000	5.124
7	18	174.1	1.6688	1.6328	5.893
8	21	171.8	1.5969	1.5625	5.637
9	24	169.6	1.5281	1.4953	5.380
10	27	167.5	1.4625	1.4266	5.893
11	30	165.2	1.3906	1.3578	5.380
12	33	163.1	1.3250	1.2922	5.380
13	36	161.0	1.2594	1.2250	5.637
14	39	158.8	1.1906	1.1578	5.380

续表

序号	累计干燥时间 T/min	物料与框架的总质量 G_T/g	物料干基含水量 X/(kg 水/kg 绝干物料)	两次记录之间物料的平均含水量 X_{AV}/(kg 水/kg 绝干物料)	干燥速率 $U\times10^4$/[kg/(s·m²)]
15	42	156.7	1.1250	1.0922	5.380
16	45	154.6	1.0594	1.0266	5.380
17	48	152.5	0.9938	0.9625	5.124
18	51	150.5	0.9313	0.8984	5.380
19	54	148.4	0.8656	0.8313	5.637
20	57	146.2	0.7969	0.7641	5.380
21	60	144.1	0.7313	0.7016	4.868
22	63	142.2	0.6719	0.6406	5.124
23	66	140.2	0.6094	0.5797	4.868
24	69	138.3	0.5500	0.5188	5.124
25	72	136.3	0.4875	0.4609	4.355
26	75	134.6	0.4344	0.4109	3.843
27	78	133.1	0.3875	0.3703	2.818
28	81	132.0	0.3531	0.3359	2.818
29	84	130.9	0.3188	0.3063	2.050
30	87	130.1	0.2938	0.2813	2.050
31	90	129.3	0.2688	0.2563	2.050
32	93	128.5	0.2438	0.2328	1.793
33	96	127.8	0.2219	0.2125	1.537
34	99	127.2	0.2031	0.1938	1.537
35	102	126.6	0.1844	0.1766	1.281
36	105	126.1	0.1688	0.1609	1.281
37	108	125.6	0.1531	0.1453	1.281
38	111	125.1	0.1375	0.1297	1.281
39	114	124.6	0.1219	0.1141	1.281
40	117	124.1	0.1063	0.1000	1.025
41	120	123.7	0.0938	0.0875	1.025
42	123	123.3	0.0812	0.0781	0.512
43	126	123.1	0.0750	0.0734	0.256
44	129	123.0	0.0719	0.0359	

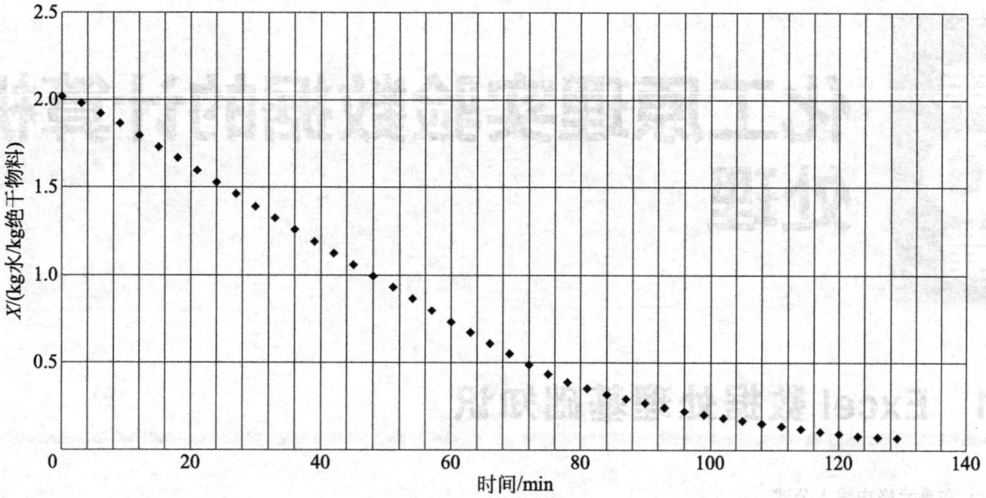

图 5-46　干燥曲线

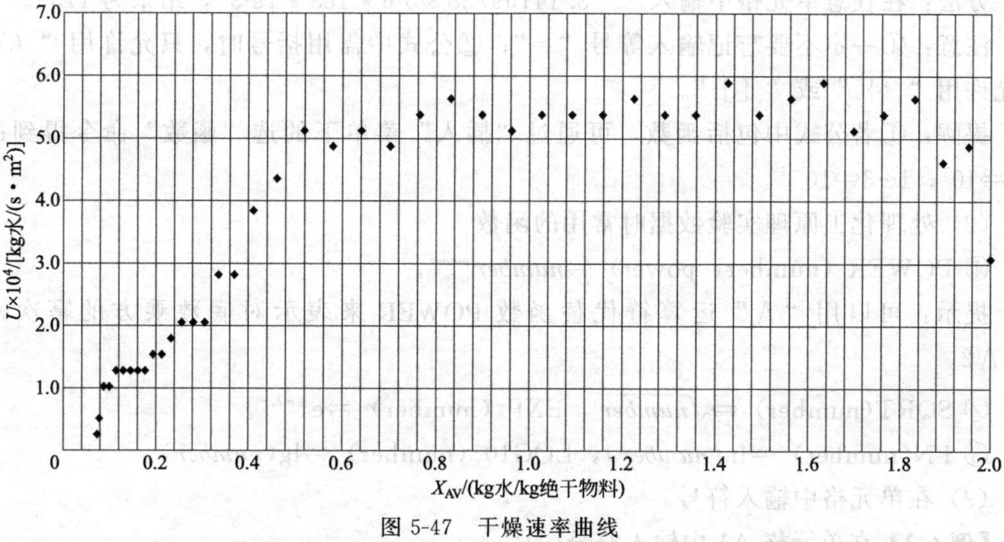

图 5-47　干燥速率曲线

第6章 化工原理实验数据的计算机处理

6.1 Excel 数据处理基础知识

(1) 在单元格中输入公式

【例 6-1】 试计算 $3.14159/28\times5^{6}\times10^{-3}\times10^{3}$。

方法：在任意单元格中输入“=3.14159/28 * 5^6 * 1e3 * 1e-3”，结果为1753。

注意：①一定不要忘记输入等号“=”；②公式中需用括号时，只允许用“()”，不允许用“{}”或“[]”。

提醒：①若公式中包括函数，可通过“插入”菜单下的选“函数”命令得到；②1e3⇔10^{3}；1e-3⇔10^{-3}。

(2) 处理化工原理实验数据时常用的函数

① POWER (number，power) ⇔$number^{power}$。

提示：可以用“∧”运算符代替函数 POWER 来表示对底数乘方的幂次，例如5∧2。

② SQRT(number) ⇔$\sqrt{number}$，EXP (number) ⇔e^{number}。

③ LN(number) ⇔ln(*number*)，LOG10 (number) ⇔lg(*number*)。

(3) 在单元格中输入符号

【例 6-2】 在单元格 A1 中输入符号“λ”

方法一：打开“插入”菜单→选“符号”命令插入希腊字母 λ。

提醒：无论要输入什么符号，都可以通入“插入”菜单下的“符号”或“特殊符号”命令得到。

方法二：打开任意一种中文输入法，用鼠标单击键盘按钮，选择希腊字母，得到希腊字母键盘，用鼠标单击 λ 键。

6.2 Excel 处理基本化工原理实验数据示例

6.2.1 流体流动阻力实验

(1) 原始数据　实验原始数据如图 6-1 所示。

流体流动阻力实验举例

	A	B	C	D	E	F
1	水温：	18.5℃				
2	管子材料：	不锈钢		直管压差计指示剂：水银		
3	直管规格：	管长2m，管径φ21mm		局部压差计指示剂：氯仿		
4	闸阀：	管径φ32mm				
5	仪表常数：	ξ=324.15次/升				
6						
7	序号	流量计示值	直管阻力/m².s⁻²		局部阻力/m².s⁻²	
8		次/秒	左	右	左	右
9	1	834	3.19	5.82	9.27	0.50
10	2	619	3.74	5.29	7.50	2.22
11	3	451	4.06	4.96	6.25	3.47
12	4	360	4.20	4.82	5.74	3.98
13	5	304	4.28	4.74	5.50	4.23
14	6	243	4.36	4.67	5.27	4.46
15	7	209	4.39	4.63	5.16	4.57
16	8	171	4.42	4.60	5.06	4.66
17	9	161	4.43	4.59	5.04	4.67
18	10	132	4.46	4.57	4.97	4.74
19						

原始数据记录表 / 中间运算表 / 结果表

图 6-1　流体流动阻力实验原始数据

(2) 数据处理

① 物性数据

查手册得 18.5℃下水的密度与黏度分别为 998.5kg/m^3 和 1.0429mPa·s。

② 数据处理的计算过程

a. 插入 2 个新工作表　插入 2 个新工作表并分别命名为“中间运算表”和“结果表”，将“原始数据表”中第 7～18 行内容复制至“中间运算表”中。

b. 中间运算过程　在 C4：P4 单元格区域内输入公式。

(ⅰ) 在单元格 G4 中输入公式“=C4-D4”——计算直管压差计读数（R_1）；

(ⅱ) 在单元格 H4 中输入公式“=E4-F4”——计算局部压差计读数（R_2）；

(ⅲ) 在单元格 I4 中输入公式“=B4/324.15”——计算管路流量（$q_V=F/\xi$）；

(ⅳ) 在单元格 J4 中输入公式“=4*I4*1e-3/3.14159/(0.021^2)”——计算流体在直管内的流速 [$u=4q_V/(\pi d^2)$]；

(ⅴ) 在单元格 K4 中输入公式“=4*I4*1e-3/3.14159/(0.032^2)”——计算流体在与闸阀相连的直管中的流速 [$u=4q_V/(\pi d^2)$]；

(ⅵ) 在单元格 L4 中输入公式“=(13600-998.5)*G4/998.5”——计算流体流过长为 2m，内径为 21mm 直管的阻力损失 [$h_{f1}=\Delta p/\rho=(\rho_i-\rho)gR_1/\rho$]；

(ⅶ) 在单元格 M4 中输入公式“=(1477.5-998.5)*H4/998.5”——计算流体流过闸阀的阻力损失 [$h_{f2}=(\rho g\Delta z+\Delta p)/\rho=(\rho_{i2}-\rho)gR_2/\rho$]；

(ⅷ) 在单元格 N4 中输入公式“=L4*0.021/2*2/(J4^2)*1e2”——计算摩擦系数 [$\lambda=h_{f1}\cdot(d_1/l)\cdot(2/u_1^2)$]；

(ⅸ) 在单元格 O4 中输入公式“=M4*2/(K4^2)”——计算局部阻力系数（$\zeta=$

$2h_{f2}/u_2^2$)；

（Ⅹ）在单元格 P4 中输入公式“=0.021 * J4 * 998.5/1.0429e−3 * 1e−4”——计算流体在直管中流动的雷诺数$\left(Re=\dfrac{d_1u_1\rho}{\mu}\right)$。

选定 I4：P4 单元格区域（如图 6-2 所示），再用鼠标拖动 P4 单元格下的填充柄（单元格右下方的“+”号）至 P13，复制单元格内容，结果见图 6-3。

流体流动阻力实验举例

	A	B	G	H	I	J	K	L	M	N	O	P
1												
2–3	序号	流量计示值 次/秒	直管压差R	局部压差R	体积流量 ($\times10^{-3}m^3 s^{-1}$)	$u_直$ /$m.s^{-1}$	$u_局$ /$m.s^{-1}$	$h_{f直}$ /$J.kg^{-1}$	$h_{f局}$ /$J.kg^{-1}$	$\lambda\times10^2$	ξ	$Re\times10^{-4}$
4	1	834	2.63	8.77	2.573	7.43	3.20	33.19	4.21	1.26	0.822	14.94
5	2	619	1.55	5.28								
6	3	451	0.90	2.78								
7	4	360	0.62	1.76								
8	5	304	0.46	1.27								
9	6	243	0.31	0.81								
10	7	209	0.24	0.59								
11	8	171	0.18	0.40								
12	9	161	0.16	0.37								
13	10	132	0.11	0.23								

原始数据记录表 / 中间运算表 / 结果表

图 6-2　选定单元格 I4：P4

流体流动阻力实验举例

	A	B	G	H	I	J	K	L	M	N	O	P
1												
2–3	序号	流量计示值 次/秒	直管压差R	局部压差R	体积流量 ($\times10^{-3}m^3 s^{-1}$)	$u_直$ /$m.s^{-1}$	$u_局$ /$m.s^{-1}$	$h_{f直}$ /$J.kg^{-1}$	$h_{f局}$ /$J.kg^{-1}$	$\lambda\times10^2$	ξ	$Re\times10^{-4}$
4	1	834	2.63	8.77	2.573	7.43	3.20	33.19	4.21	1.26	0.822	14.94
5	2	619	1.55	5.28	1.910	5.51	2.37	19.56	2.53	1.35	0.899	11.09
6	3	451	0.90	2.78	1.391	4.02	1.73	11.36	1.33	1.48	0.891	8.08
7	4	360	0.62	1.76	1.111	3.21	1.38	7.82	0.84	1.60	0.886	6.45
8	5	304	0.46	1.27	0.938	2.71	1.17	5.81	0.61	1.66	0.896	5.44
9	6	243	0.31	0.81	0.750	2.16	0.93	3.91	0.39	1.75	0.894	4.35
10	7	209	0.24	0.59	0.645	1.86	0.80	3.03	0.28	1.84	0.881	3.74
11	8	171	0.18	0.40	0.528	1.52	0.66	2.27	0.19	2.06	0.892	3.06
12	9	161	0.16	0.37	0.497	1.43	0.62	2.02	0.18	2.06	0.931	2.88
13	10	132	0.11	0.2[illegible]	0.407	1.18	0.51	1.39	0.11	2.11	0.861	2.36

原始数据记录表 / 中间运算表 / 结果表

图 6-3　复制 I4：P4 单元格内容后的结果

c. 运算结果　将“中间运算表”中 A4：A13、N4：N13、O4：O13、P4：P13 单元格区域内容复制至“结果表”，并添加 E 列与 F 列，其中 E2=B2 * 1e4，F2=C2 * 100，运算结果见图 6-4。

③ 实验结果的图形表示——绘制 λ-Re 双对数坐标图。

a. 打开图表向导　选定 E2：F11 单元格区域，点击工具栏上的“图表向导”（图 6-5），得到“图表向导-4 步骤之 1-图表类型”对话框（图 6-6）。

流体流动阻力实验举例

	A	B	C	D	E	F
1	序号	$Re\times10^{-4}$	$\lambda\times10^{2}$	ξ	Re	λ
2	1	14.94	1.26	0.822	149354	0.0126
3	2	11.09	1.35	0.899	110851	0.0135
4	3	8.08	1.48	0.891	80766	0.0148
5	4	6.45	1.60	0.886	64469	0.0160
6	5	5.44	1.66	0.896	54441	0.0166
7	6	4.35	1.75	0.894	43517	0.0175
8	7	3.74	1.84	0.881	37428	0.0184
9	8	3.06	2.06	0.892	30623	0.0206
10	9	2.88	2.06	0.931	28832	0.0206
11	10	2.36	2.11	0.861	23639	0.0211

中间运算表　结果表

图 6-4　流体流动阻力实验结果表

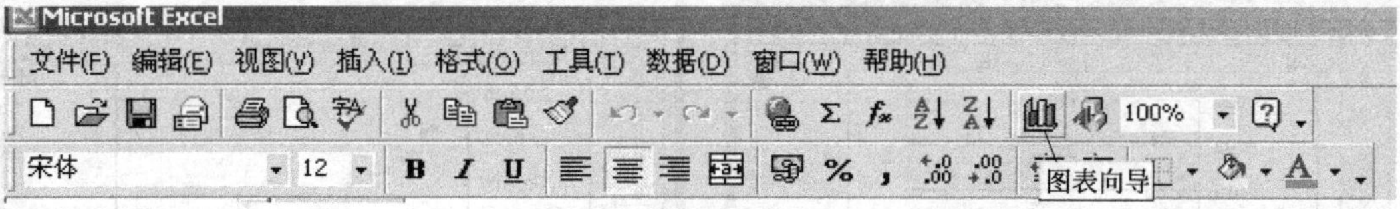

图 6-5　图表向导

b. 创建 λ-Re 图

（ⅰ）点击“下一步”，得到“图表向导-4 步骤之 2-图表源数据”对话框（图 6-7）。若系列产生在“行”，改为系列产生在“列”。

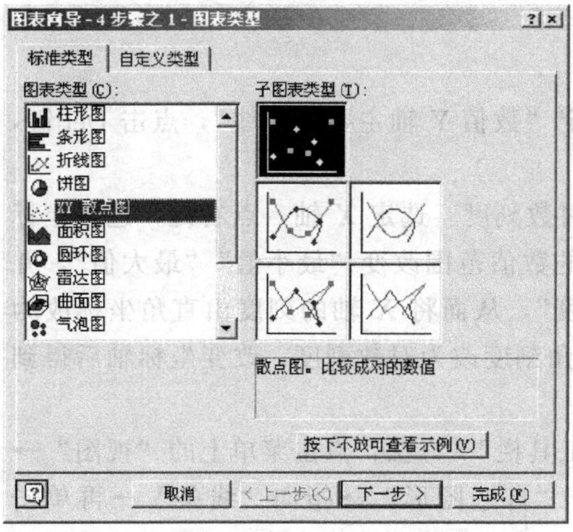

图 6-6　图表向导之步骤一

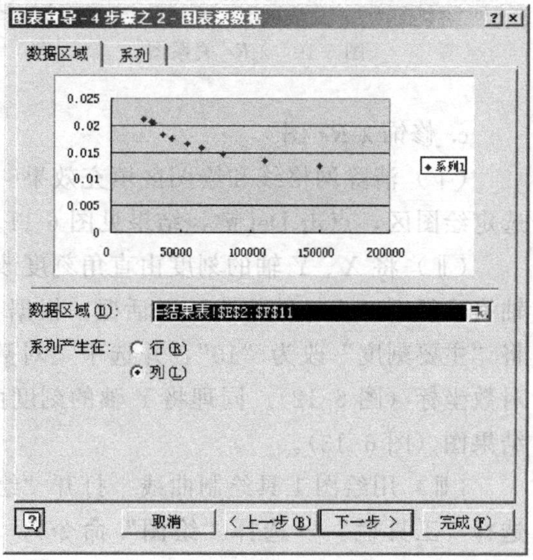

图 6-7　图表向导之步骤二

（ⅱ）点击“下一步”，得到“图表向导-4 步骤之 3-图表选项”对话框（图 6-8），在数值 x 值下输入 Re，在数值 y 值下输入 λ。

（ⅲ）点击“下一步”，得到“图表向导-4 步骤之 4-图表位置”对话框（图 6-9），点击“完成”，得到直角坐标下的“λ-Re”图（图 6-10）。

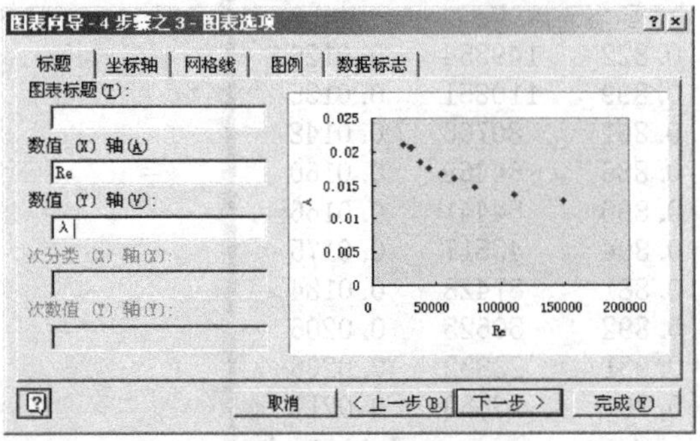

图 6-8　图表向导之步骤三

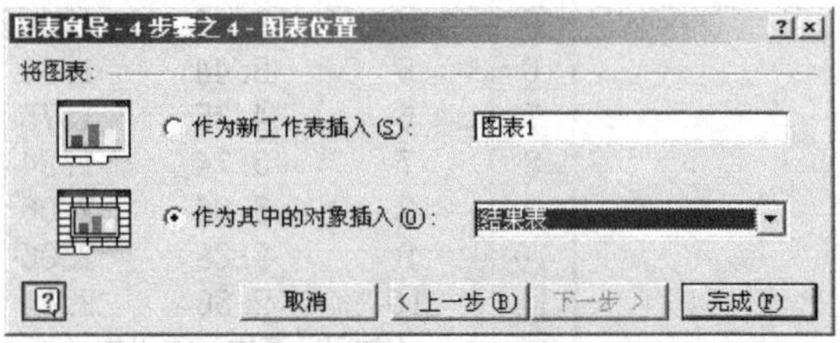

图 6-9　图表向导之步骤四

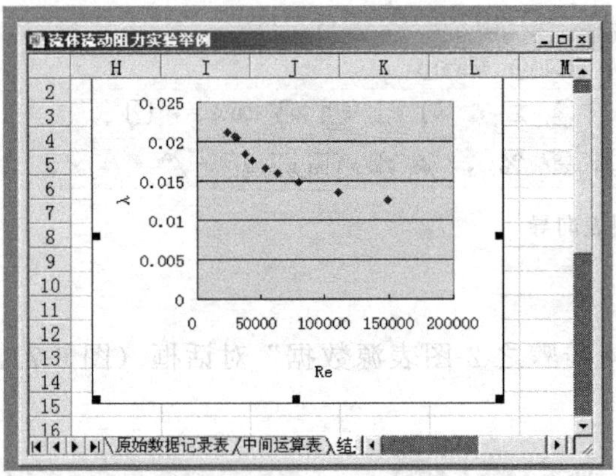

图 6-10　λ-Re 关系图

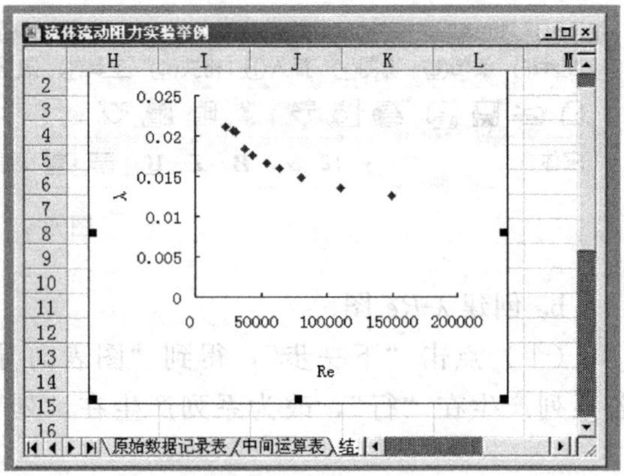

图 6-11　结果图

c. 修饰 λ-Re 图

（ⅰ）清除网格线和绘图区填充效果　选定“数值 Y 轴主要网格线”，点击 Del 键，选定绘图区，点击 Del 键，结果见图 6-11。

（ⅱ）将 X、Y 轴的刻度由直角刻度改为对数刻度　选定 X 轴，点右键，选择坐标轴格式得到“坐标轴格式”对话框，根据 Re 的数值范围改变“最小值”“最大值”，并将“主要刻度”改为“10”，并选中“对数刻度”，从而将 X 轴的刻度由直角坐标改为对数坐标（图 6-12）。同理将 Y 轴的刻度由直角刻度改为对数刻度，改变坐标轴后得到结果图（图 6-13）。

（ⅲ）用绘图工具绘制曲线　打开“绘图工具栏”（方法：点击菜单上的“视图”→选择“工具栏”→选择“绘图”命令），单击“自选图形”→指向“线条”→再单击“曲线”命令（图 6-14），绘制曲线（方法：单击要开始绘制曲线的位置，再继续移动鼠标，然后单击要添加曲线的任意位置。若要结束绘制曲线，请随时双击鼠标），得到最终结果图（图 6-15）。

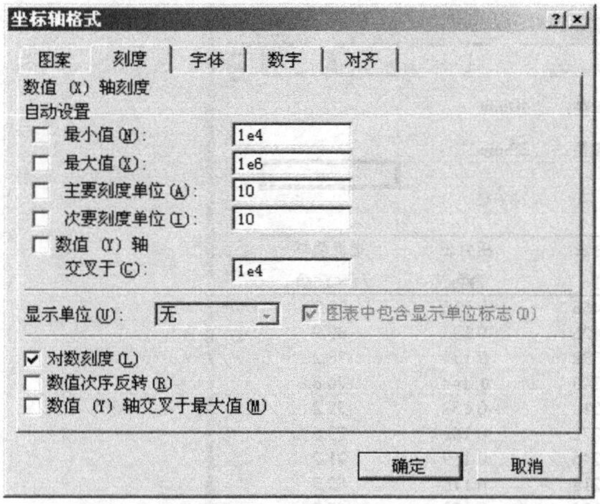

图 6-12　坐标轴格式对话框

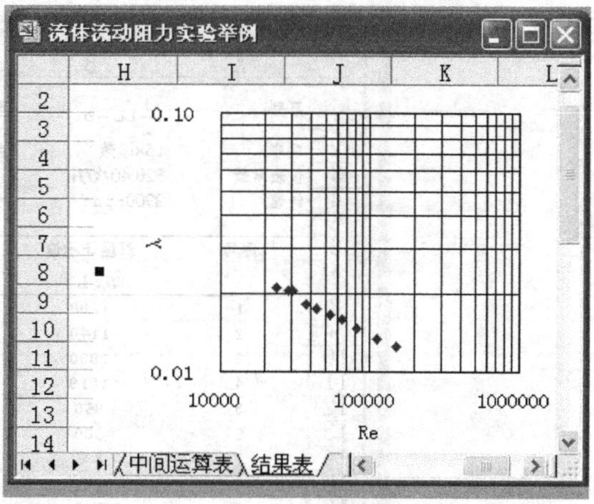

图 6-13　将 X、Y 轴改为对数刻度

图 6-14　打开曲线工具

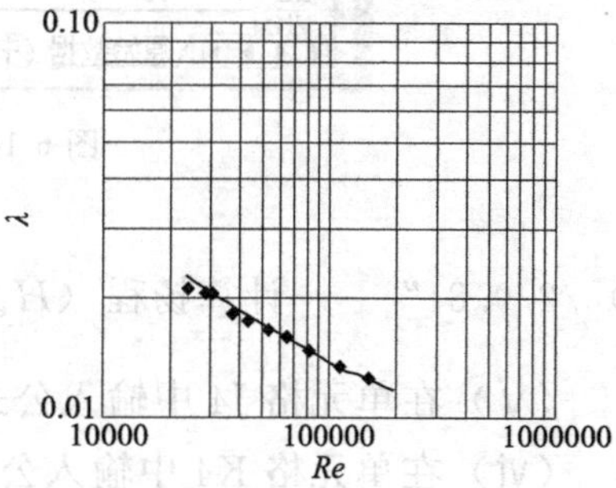

图 6-15　λ-Re 关系图

6.2.2　离心泵特性曲线测定实验

(1) 原始数据

实验原始数据如图 6-16 所示。

(2) 数据处理

① 物性数据　查手册得 18.6℃下水的密度为 998.2kg/m^3。

② 实验数据处理的计算过程

a. 插入 2 个新工作表　插入 2 个新工作表并分别命名为“中间结果”和“结果与图”，将“原始数据”中第 6～22 行内容复制至“中间结果”表中。

b. 中间运算过程　在 F4：L4 单元格区域内输入公式。

(ⅰ) 在单元格 F4 中输入公式“＝B4/320.40”——计算流量 ($q_V=F/\zeta$)；

(ⅱ) 在单元格 J4 中输入公式“＝4＊F4＊1e－3/3.14159/(0.04^2)”——计算流体在吸入管路中的流速 ($u_1=4q_V/\pi d_1^2$)；

(ⅲ) 在单元格 H4 中输入公式“＝4＊F4＊1e－3/3.14159/(0.032^2)”——计算流体在压出管路中的流速 ($u_2=4q_V/\pi d_2^2$)；

(ⅳ) 在单元格 I4 中输入公式“＝(C4＋D4)＊1e6/998.2/9.81＋(H4^2－G4^

pump

	A	B	C	D	E
1	泵型:	$1\frac{1}{2}$BL－6	泵入口管径:	40mm	
2	功率:	15×读数	泵出口管径:	32mm	
3	仪表常数	320.40次/升			
4	转速:	2900r.p.m	水温:	18.6℃	
5					
6	序号	流量计示值	真空表	压力表	电机功率
7		/次.L^{-1}	/MPa	/MPa	/(×15W)
8	1	1200	0.0456	0.116	83.3
9	2	1140	0.0425	0.125	80.9
10	3	1080	0.0382	0.134	78.2
11	4	1019	0.0343	0.144	76.8
12	5	960	0.0312	0.152	75.2
13	6	900	0.0272	0.161	73.6
14	7	836	0.0245	0.169	71.2
15	8	779	0.0218	0.176	69.3
16	9	700	0.0185	0.183	66.2
17	10	601	0.0147	0.191	62.0
18	11	500	0.0114	0.198	57.9
19	12	406	0.0088	0.202	53.8
20	13	193	0.0048	0.203	43.3
21	14	120	0.0036	0.204	39.8
22	15	9	0.0028	0.211	35.2

原始数据 / 中间结果 / 结果与图

图 6-16 离心泵性能测定实验原始数据

2) /2/9.81”——计算扬程（$H_e=\frac{p_{真}+p_{压}}{\rho g}+\frac{u_2^2-u_1^2}{2g}$）；

（ⅴ）在单元格 J4 中输入公式“＝15＊E4＊1e－3”——计算轴功率 p_a；

（ⅵ）在单元格 K4 中输入公式“＝998.2＊9.81＊F4＊1e－3＊I4＊1e－3”——计算有效功率（$\eta=\rho g q_V H_e$）；

（ⅶ）在单元格 L4 中输入公式“＝K4/J4＊100”——计算效率（$\eta=p_e/p_a$）；

选定 G4：L4 单元格区域，再用鼠标拖动 L4 单元格下的填充柄至 L18。完成单元格内容的复制，运算结果见图 6-17。

Microsoft Excel - 离心泵特性曲线

	A	B	C	D	E	F	G	H	I	J	K	L
1	序号	流量计示值	真空表	压力表	电机功率	Q	u入	u出	He	N	Ne	效率η
2		次/s	/MPa	/MPa	/×15W	/×10^{-3}m^{3}s^{-1}	/ms^{-1}	/ms^{-1}	m	/kw	/kw	/%
3	1	1200	0.0456	0.116	83.3	3.745	2.98	4.66	17.16	1.25	0.63	50.35
4	2	1140	0.0425	0.125	80.9	3.558	2.83	4.42	17.69	1.21	0.62	50.80
5	3	1080	0.0382	0.134	78.2	3.371	2.68	4.19	18.11	1.17	0.60	50.97
6	4	1019	0.0343	0.144	76.8	3.180	2.53	3.95	18.68	1.15	0.58	50.50
7	5	960	0.0312	0.152	75.2	2.996	2.38	3.73	19.13	1.13	0.56	49.75
8	6	900	0.0272	0.161	73.6	2.809	2.24	3.49	19.59	1.10	0.54	48.80
9	7	836	0.0245	0.169	71.2	2.609	2.08	3.24	20.08	1.07	0.51	48.03
10	8	779	0.0218	0.176	69.3	2.431	1.93	3.02	20.47	1.04	0.49	46.89
11	9	700	0.0185	0.183	66.2	2.185	1.74	2.72	20.80	0.99	0.44	44.81
12	10	601	0.0147	0.191	62	1.876	1.49	2.33	21.17	0.93	0.39	41.81
13	11	500	0.0114	0.198	57.9	1.561	1.24	1.94	21.50	0.87	0.33	37.83
14	12	406	0.0088	0.202	53.8	1.267	1.01	1.58	21.60	0.81	0.27	33.22
15	13	193	0.0048	0.203	43.3	0.602	0.48	0.75	21.24	0.65	0.13	19.29
16	14	120	0.0036	0.204	39.8	0.375	0.30	0.47	21.21	0.60	0.08	13.03
17	15	9	0.0028	0.211	35.2	0.028	0.02	0.03	21.83	0.53	0.01	1.14

原始实验数据 / 中间结果 / 结果与图

图 6-17 离心泵性能测定运算结果

③ 实验数据的图形表示

a. 准备绘图要用的原始数据　将“中间结果”工作表中的 F、I、J、L 列数据复制至“结果与图”工作表中（图 6-18）。

b. 创建泵特性曲线　选择单元格区域 B4：E18，按图表向导作图（图 6-19）。

	A	B	C	D	E
1	序号	Q	He	N	效率η
2		/×10-3m^{3}s^{-1}	m	/kW	/%
3	1	3.745	17.16	1.250	50.4
4	2	3.558	17.69	1.214	50.8
5	3	3.371	18.11	1.173	51.0
6	4	3.180	18.68	1.152	50.5
7	5	2.996	19.13	1.128	49.7
8	6	2.809	19.59	1.104	48.8
9	7	2.609	20.08	1.068	48.0
10	8	2.431	20.47	1.040	46.9
11	9	2.185	20.80	0.993	44.8
12	10	1.876	21.17	0.930	41.8
13	11	1.561	21.50	0.869	37.8
14	12	1.267	21.60	0.807	33.2
15	13	0.602	21.24	0.650	19.3
16	14	0.375	21.21	0.597	13.0
17	15	0.028	21.83	0.528	1.137

图 6-18　离心泵的性能参数

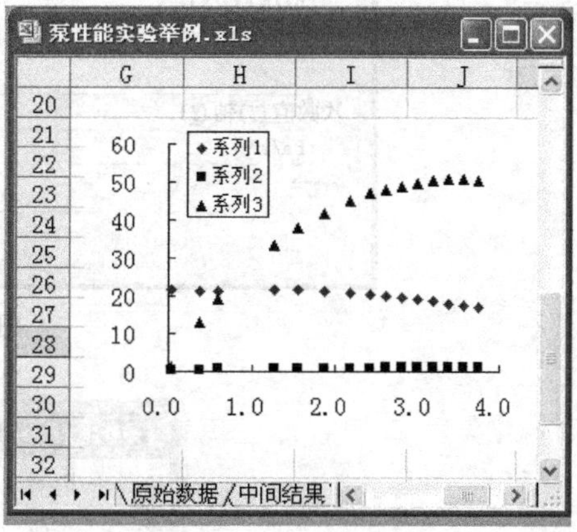

图 6-19　泵特性曲线草图

c. 修饰泵特性曲线

（ⅰ）将轴功率置于次坐标轴　选定系列 2（轴功率-流量关系曲线），单击鼠标右键，选择“数据系列格式”，得到“数据系列格式”对话框（图 6-20），打开“坐标轴”选项，选择“次坐标轴”，得到图 6-21。

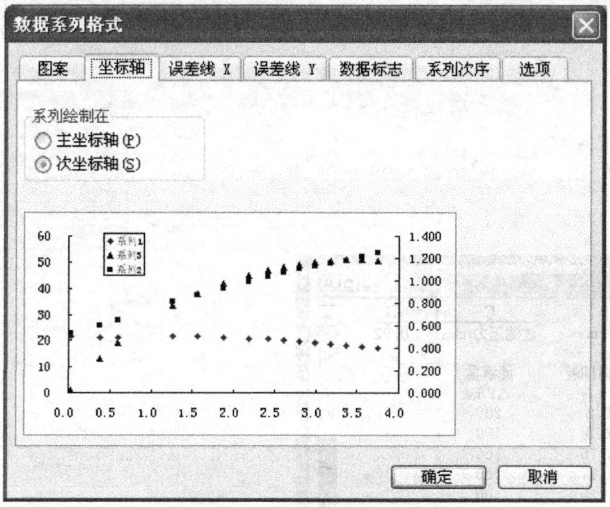

图 6-20　次坐标轴的选定

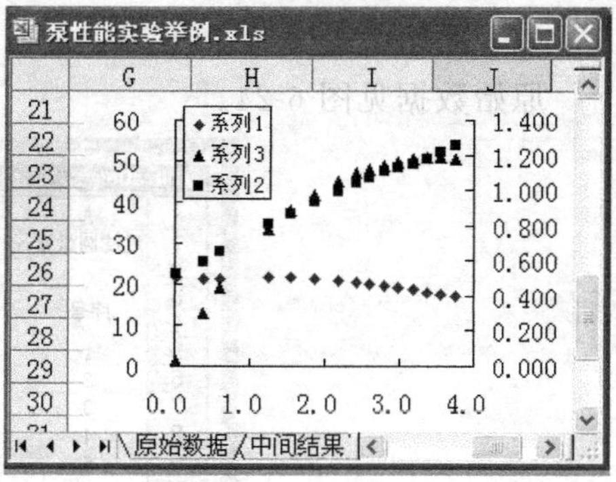

图 6-21　将 P_a-q_V 曲线置于次坐标轴后的结果

（ⅱ）添加标题　将鼠标置于“绘图区”，菜单栏上显示“图表”菜单，点击“图表选项”命令，得到“图表选项”对话框（图 6-22）。

（ⅲ）添加实验条件、图例，得到泵特性曲线结果图（图 6-23）。

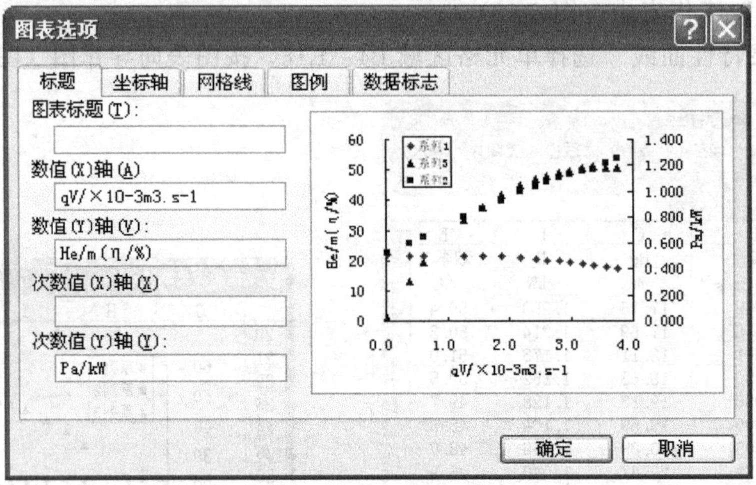

图 6-22 添加标题

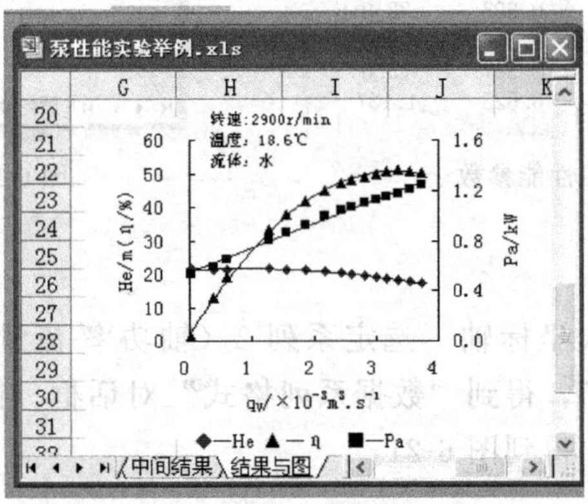

图 6-23 泵特性曲线结果图

6.2.3 过滤实验

（1）原始数据

原始数据见图 6-24。

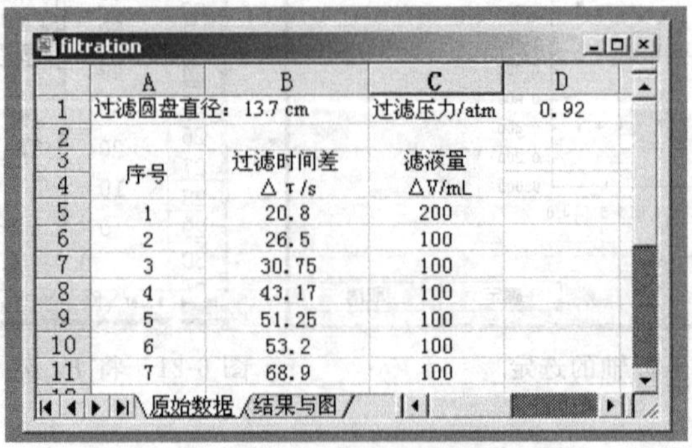

	A	B	C	D
1	过滤圆盘直径：13.7 cm		过滤压力/atm	0.92
2				
3	序号	过滤时间差	滤液量	
4		Δτ/s	ΔV/mL	
5	1	20.8	200	
6	2	26.5	100	
7	3	30.75	100	
8	4	43.17	100	
9	5	51.25	100	
10	6	53.2	100	
11	7	68.9	100	

图 6-24 过滤实验原始数据

（2）数据处理

① 方法一　该方法的依据：$\dfrac{\tau-\tau_1}{q-q_1}=\dfrac{1}{K}(q+q_1)+\dfrac{2}{K}q_e$。

a. 中间运算过程与结果

（ⅰ）在单元格 D5 中输入“＝C5＋D4”，并将该公式复制至“D6：D11”；求累积滤液体积；

（ⅱ）在单元格 E5 中输入“＝B5＋E4”，并将该公式复制至“E6：E11”；

（ⅲ）在单元格 F5 中输入“＝D5 * 1e－6/＄B＄2”，并将该公式复制至“F6：F11”；

（ⅳ）在单元格 G6 中输入“＝F6＋＄F＄5”，并将该公式复制至“G7：G11”；

（ⅴ）在单元格 H6 中输入“＝（E6－＄E＄5）/(F6－＄F＄5）”，并将该公式复制至“H7：H11”。

实施以上步骤后得到图 6-25。

filtration

	A	B	C	D	E	F	G	H
1	方法一							
2	过滤面积A	0.0141	m^2					
3	序号	过滤时间差 Δτ/s	滤液量 ΔV/ml	V/mL	τ/s	q/m	$q+q_1$/m	$(\tau-\tau_1)/(q-q_1)$ /$s.m^{-1}$
4	0	0	0	0	0	0.00000	-	
5	1	20.8	200	200	20.8	0.01418	-	
6	2	26.5	100	300	47.3	0.02127	0.03545	3737
7	3	30.75	100	400	78.05	0.02836	0.04255	4037
8	4	43.17	100	500	121.22	0.03545	0.04964	4721
9	5	51.25	100	600	172.47	0.04255	0.05673	5347
10	6	53.2	100	700	225.67	0.04964	0.06382	5778
11	7	68.9	100	800	294.57	0.05673	0.07091	6435

原始数据 | 结果与图

图 6-25　恒压过滤实验数据处理结果

b. 创建 $(\tau-\tau_1)/(q-q_1)$-$(q+q_1)$ 图　以 G6：H11 单元格区域内容作图，结果见图 6-26。

c. 添加趋势线与趋势方程

（ⅰ）单击数据系列，菜单栏上显示“图表”菜单，点击该菜单下的“添加趋势线”命令，得到“添加趋势线”对话框（图 6-27）。

（ⅱ）在“类型”选项卡上，单击“线性”选项；打开“选项”选项卡，选中“显示公式”与“显示 R 平方值”选项，如图 6-28 所示；单击“确定”按钮，得到图 6-29。

（ⅲ）将 Y 改成 $(\tau-\tau_1)/(q-q_1)$，X 改成 $(q+q_1)$，得到最终结果图（图 6-30）。

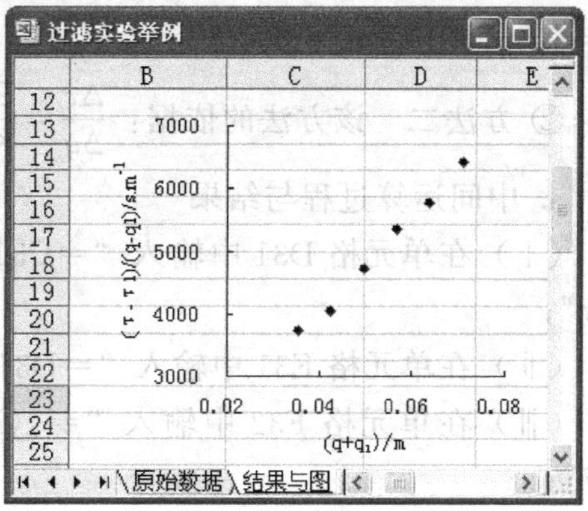

图 6-26　创建 $(\tau-\tau_1)/(q-q_1)$-$(q+q_1)$ 关系曲线

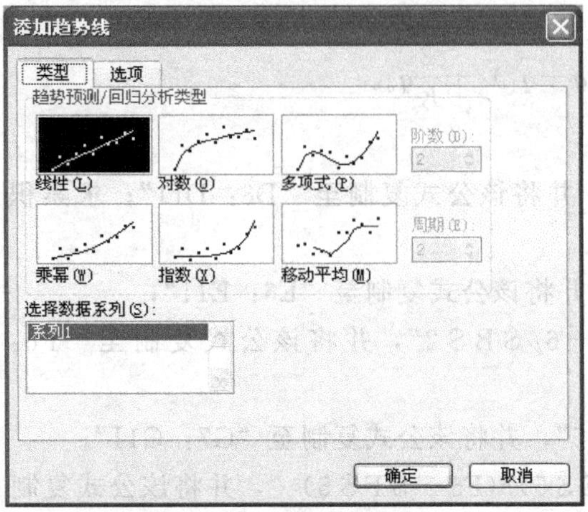

图 6-27 “添加趋势线”对话框

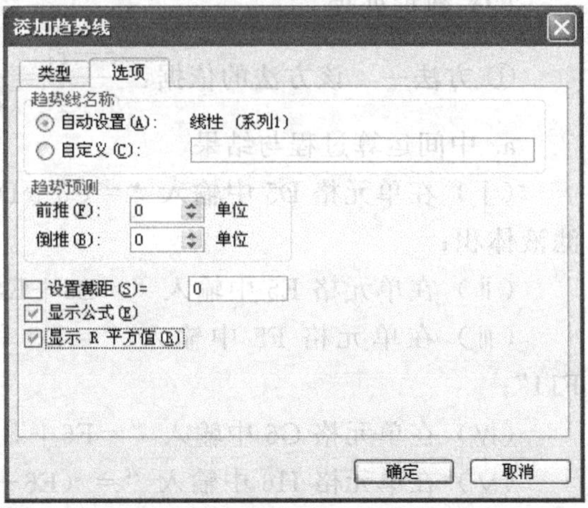

图 6-28 添加趋势线之选项卡

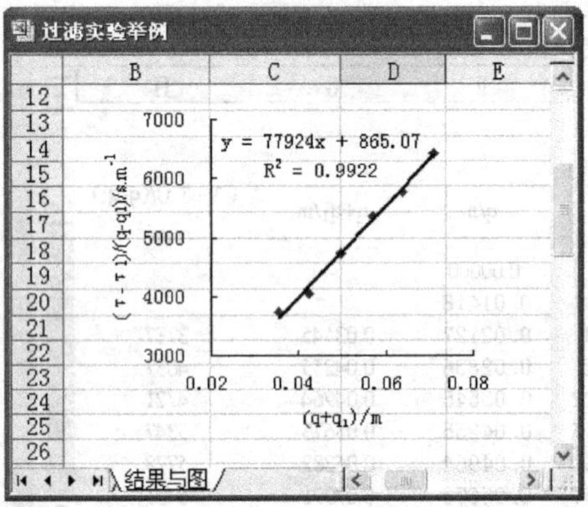

图 6-29 添加趋势线后的过滤实验结果图

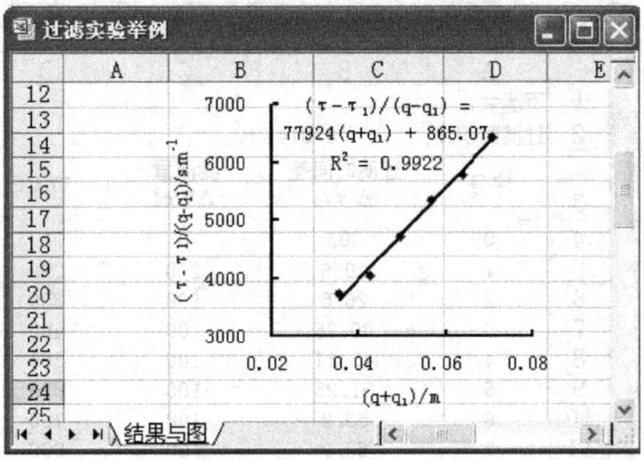

图 6-30 经修饰后的过滤实验最终结果图

d. 求恒压过滤常数 因$\dfrac{\tau-\tau_1}{q-q_1}=\dfrac{1}{K}(q+q_1)+\dfrac{2}{K}q_e$，而实验结果为$\dfrac{\tau-\tau_1}{q-q_1}=77924(q+q_1)+865.07$，所以$\dfrac{1}{K}=77924$，$\dfrac{2}{K}q_e=865.07$，解得：$K=1.283\times10^{-5}\ \mathrm{m^2/s}$，$q_e=5.551\times10^{-3}\ \mathrm{m^3/m^2}$。

② 方法二 该方法的依据：$\dfrac{\Delta\tau}{\Delta q}=\dfrac{2}{K}q+\dfrac{2}{K}q_e$。

a. 中间运算过程与结果

（ⅰ）在单元格 D31 中输入“=C31＊1e−6/B28”，并将该公式复制至“D32：D37”；

（ⅱ）在单元格 E31 中输入“=D31+E30”，并将该公式复制至“E32：E37”；

（ⅲ）在单元格 F32 中输入“=（E32+E31）＊0.5”，并将该公式复制至“F33：F37”；

（ⅳ）在单元格 G32 中输入“=B32/D32”，并将该公式复制至“G33：G37”。

实施以上步骤后得到图 6-31。

	A	B	C	D	E	F	G
28	过滤面积A	0.0141	m^2				
29	序号	过滤时间差 Δτ/s	滤液量 ΔV/ml	Δq/m	q_i/m	q_m/m	Δτ/Δq /s.m^{-1}
30	0	0	0	0	0		
31	1	20.8	200	0.014182	0.014182		
32	2	26.5	100	0.007091	0.021273	0.01773	3737
33	3	30.75	100	0.007091	0.028364	0.02482	4337
34	4	43.17	100	0.007091	0.035454	0.03191	6088
35	5	51.25	100	0.007091	0.042545	0.03900	7228
36	6	53.2	100	0.007091	0.049636	0.04609	7503
37	7	68.9	100	0.007091	0.056727	0.05318	9717

图 6-31　用方法二计算所得过滤实验计算结果

b. 创建 $\Delta\tau/\Delta q$-q 图，添加趋势线与趋势方程（图 6-32）。

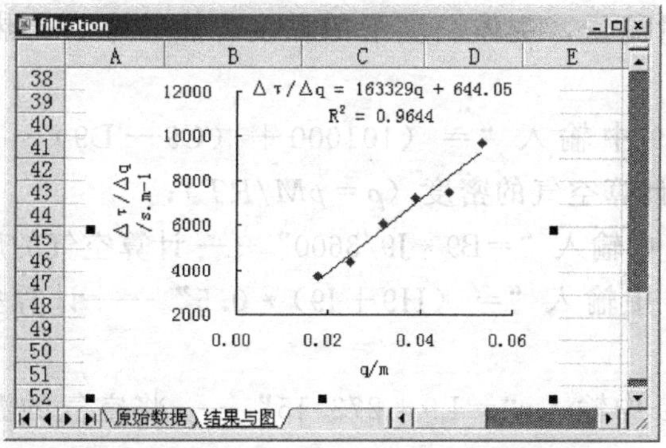

图 6-32　用方法二计算所得过滤实验最终结果图

c. 求恒压过滤常数　因 $\dfrac{\Delta\tau}{\Delta q}=\dfrac{2}{K}q+\dfrac{2}{K}q_e$，而实验结果为 $\dfrac{\Delta\tau}{\Delta q}=163329q+644.05$，所以 $\dfrac{2}{K}=163329$，$\dfrac{2}{K}q_e=644.05$，解得：$K=1.225\times10^{-5}\,m^2/s$，$q_e=3.943\times10^{-3}\,m^3/m^2$。

6.2.4　空气-水套管换热实验

（1）原始数据

原始数据如图 6-33 所示。

（2）数据处理

① 物性数据

（ⅰ）空气的黏度

$$\mu=5.0153+4.8062\times10^{-2}T-1.0967\times10^{-5}T^2(\mu：\mu Pa\cdot s；\ T：K)$$

（ⅱ）空气的热导率

$$\lambda=0.00512+7.234\times10^{-5}T-9.2207\times10^{-9}T^2[\lambda：W/(m^2\cdot K)；\ T：K]$$

（ⅲ）空气的比热容

传热实验举例（水-空气）.xls

	A	B	C	D	E	F	G	H	I
1	水一空气套管换热器								
2	管内径：26mm		管长：2m						
3	室温：25℃		大气压：101kPa						
4	指示剂：水银								
5									
6	组号	空气流量 /m³.h	计前表压		温度/℃				
7					水进口	水出口	冷风进口	热空气进口	热空气出口
8			左	右					
9	1	51	2010	1810	22.3	29.1	25	81	46
10	2	41	2030	1790	22.4	29.2	25	81	44.3
11	3	31	2050	1780	22.4	29.2	25	81	42.9
12	4	25	2060	1760	22.4	29	25	81	41.6
13	5	15	2080	1740	22.4	28.8	25	81	40.4

Sheet2 / 水-空气套管换热 / Sheet4 / Sheet3

图 6-33　空气-水套管换热实验原始数据

$$C_p = 29.381 - 4.6652\times10^{-3}T + 1.5957\times10^{-5}T^2 - 1.0258\times10^{-8}T^3 + 2.0656\times10^{-12}T^4 \quad [C_p: \mathrm{J/(mol\cdot K)};\ T: \mathrm{K}]$$

② 计算过程

a. 计算空气的质量流量，主体温度下的黏度、热导率、比热容、对数平均推动力及传热速率。

（ⅰ）在单元格 J9 中输入“=（101000+（C9－D9）* 13.6）* 0.029/8.314/(273.15+G9）”——计算空气的密度（$\rho=pM/RT$）；

（ⅱ）在单元格 K9 中输入“=B9 * J9/3600”——计算空气的质量流量（$q_m=\rho q_V$）；

（ⅲ）在单元格 L9 中输入“=（H9+I9）* 0.5”——计算空气的主体温度［$t=0.5(t_1+t_2)$］；

（ⅳ）在单元格 M9 中输入“=L9+273.15”——将空气的温度单位由摄氏度转化为开尔文；

（ⅴ）在单元格 N9 中输入“=5.0153+0.048062 * M9－0.000010967 * M9^2”——计算空气的黏度；

（ⅵ）在单元格 O9 中输入“=0.00512+7.2342e－5 * M9－9.2207e－9 * M9^2”——计算空气的热导率；

（ⅶ）在单元格 P9 中输入“=（29.381－4.6652e－3 * M9+1.5957e－5 * M9^2－1.0258e－8 * M9^3+2.0656e－12 * M9^4）/29”——计算空气的比热容；

（ⅷ）在单元格 Q9 中输入“=K9 * P9 *（H9－I9）”——计算传热速率［$Q=q_{m2}C_{p2}(t_2-t_1)$］；

（ⅸ）在单元格 R9 中输入“=（（H9－F9）－(I9－E9))/LN(（H9－F9)/(I9－E9)）”——计算对数平均推动力 $\left[\Delta t_m=\dfrac{(T_1-t_2)-(T_2-t_1)}{\ln\dfrac{T_1-t_2}{T_2-t_1}}\right]$。

选定 J9：R9 单元格区域，再用鼠标拖动 J9 单元格下的填充柄至 J13，完成单元格内容的复制，运算结果见图 6-34。

b. 计算空气侧对流给热系数、雷诺数、努塞尔数。

（ⅰ）在单元格 H20 中输入“=F20 * 1e3/(3.14159 * 0.026 * 2 * G20）”——计算

传热实验举例(水-空气).xls

	J	K	L	M	N	O	P	Q	R
6	计前空	质量流量	主体温度	主体温度	主体温度下的空气物性			Q/kW	Δtm/℃
7	气密度	/kg.s^{-1}	/℃	/K	黏度	热导率	比热容		
8	/kg.m^{-3}				/μ Pa.s	/W.m^{-1}.K^{-1}	/kJ.kg^{-1}.K^{-1}		
9	1.213	0.01719	63.50	336.7	19.95	0.0284	1.0088	0.607	35.98
10	1.220	0.01389	62.65	335.8	19.92	0.0284	1.0087	0.514	34.73
11	1.225	0.01054	61.95	335.1	19.89	0.0283	1.0086	0.405	33.77
12	1.229	0.00854	61.30	334.5	19.86	0.0283	1.0085	0.339	32.92
13	1.236	0.00515	60.70	333.9	19.84	0.0282	1.0085	0.211	32.12

Sheet2 \ 水-空气套管换热 / Sheet4 / Sheet3 /

图 6-34　空气-水套管换热实验数据处理中间结果 1

空气侧对流给热系数（$K=\dfrac{Q}{A\Delta t_{\mathrm{m}}}$，$\alpha\approx K$）；

（ⅱ）在单元格 I20 中输入“＝E20＊1e3＊C20＊1e－6/D20”——计算空气的普兰特数（$Pr=C_p\mu/\lambda$）；

（ⅲ）在单元格 J20 中输入“＝H20＊0.026/D20”——计算空气的努塞尔数（$Nu=\alpha d/\lambda$）；

（ⅳ）在单元格 K20 中输入“＝4＊B20/（3.14159＊0.026＊C20＊1e－6）”——计算空气的雷诺数［$Re=4q_{\mathrm{m}}/(\pi d\mu)$］；

（ⅴ）在单元格 L20 中输入“＝J20/I20^0.3”——计算 $Nu/Pr^{0.3}$。

选定 H20：L20 单元格区域，再用鼠标拖动 L20 单元格下的填充柄至 L24，完成单元格内容的复制，运算结果见图 6-35。

传热实验举例(水-空气).xls

	B	C	D	E	F	G	H	I	J	K	L
18	质量流量	黏度	热导率	比热容	Q/kW	Δtm	α	Pr	Nu	Re	$Nu/Pr^{0.3}$
19	/kg. s-1	/μ Pa.s	/W.m^{-1}.K^{-1}	/kJ.kg^{-1}.K^{-1}		/℃	/W.m^{-2}.K^{-1}				
20	0.0172	19.95	0.0284	1.01	0.607	35.98	103.3	0.7080	94.4	42191	104.8
21	0.0139	19.92	0.0284	1.01	0.514	34.73	90.6	0.7081	83.1	34156	92.1
22	0.0105	19.89	0.0283	1.01	0.405	33.77	73.5	0.7082	67.4	25963	74.8
23	0.0085	19.86	0.0283	1.01	0.339	32.92	63.1	0.7083	58.0	21048	64.3
24	0.0051	19.84	0.0282	1.01	0.211	32.12	40.2	0.7084	37.0	12710	41.0
25											

Sheet2 \ 水-空气套管换热 / Sheet4 / Sheet3 /

图 6-35　空气-水套管换热实验数据处理中间结果 2

③ 实验结果的图形表示及准数方程的确定

以单元格区域 L20：L24 对 K20：K24 作图，并添加乘幂趋势线，显示趋势线方程和 R^2 值，结果见图 6-36（a）。因 $Nu/Pr^{0.3}=ARe^n$，所以 $A=0.0253$，$n=0.7848$；也

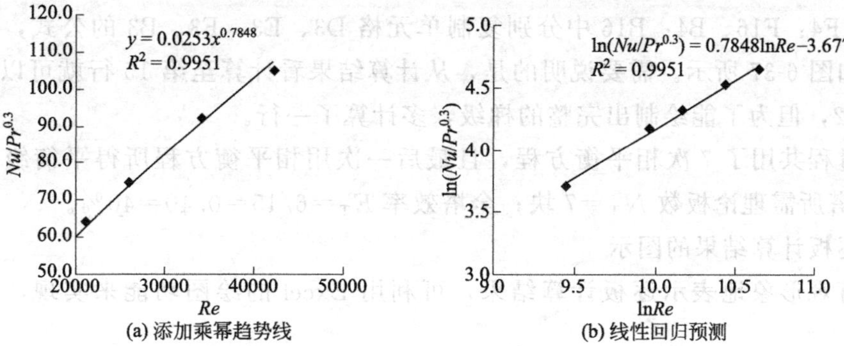

图 6-36　空气-水套管换热实验结果图

可以 ln（$Nu/Pr^{0.3}$）对 lnRe 作散点图，通过线性回归求 A 和 n [图 6-36（b）]，比较式 $\ln Nu=\ln A+n\ln Re$ 与式 $\ln Nu=0.7848\ln Re-3.6778$，得 $n=0.7848$，$A=e^{-3.67778}=0.0253$。

6.2.5 全回流精馏实验

（1）用 Excel 拟合乙醇-水溶液常压相平衡数据

汽液相平衡数据的拟合方程如下。

$$x=0.10760y(0\leqslant y\leqslant 0.1868) \tag{6-1}$$

$$x=0.191908-2.58997y+13.56030y^2-29.3194y^3+24.5361y^4 \tag{6-2}$$

$$R^2=0.99974(0.1868\leqslant y\leqslant 0.5955)$$

$$x=-4.47867+15.26594y-15.35181y^2+5.59208y^3 \tag{6-3}$$

$$R^2=0.99993(0.5955\leqslant y\leqslant 0.8941)$$

（2）实验原始数据

某位同学所得实验数据如下：$x_D=0.821$（摩尔分数，下同），$x_W=0.052$，实际板数 $N=15$。

（3）逐板计算法求全塔理论板数

① 启动 Excel 软件，新建一个文件，预先建立实验数据表，在单元格区域 B1、C1、B2、C2 中分别输入"x""y""0.821""0.821"；

② 在单元格 C3 中输入公式"=B2"，即由 x_D计算 y_1。

③ 在单元格 D3、E3、F3 中分别输入"=0.1076 * C3""=0.19191−2.58997 * C3+13.56030 * C3^2−29.31940 * C3^3+24.53606 * C3^4""=−4.47867+15.26594 * C3−15.35181 * C3^2+5.59208 * C3^3"。

④ 在单元格 B3 中输入"=IF（INT（A3/2）<>A3/2，C3，IF（C3<0.1868，D3，IF（C3<0.5955，E3，F3）））"。

该公式根据点（B3，C3）是位于相平衡线上还是操作线上来确定 x 的值。如果不需要将计算结果绘图，则可将上面的公式改为："=IF（C3<0.1868，D3，IF（C3<0.5955,E3，F3））"。

⑤ 选中 C3 单元格，将鼠标移到右下角拖拉手柄处，当出现"+"时按住左键向下拖拉至 C16，以将 C3 的公式复制到 C4：C16，用同样的方法可在单元格区域 D4：D16、E4：E16、F4：F16、B4：B16 中分别复制单元格 D3、E3、F3、B3 的公式，计算出相应数据，如图 6-37 所示。需要说明的是，从计算结果看计算至第 15 行就可以结束，因 B15<0.052，但为了能绘制出完整的梯级，多计算了一行。

计算过程共用了 7 次相平衡方程，且最后一次用相平衡方程所得平衡级组成小于 x_W，故全塔所需理论板数 $N_T=7$ 块；全塔效率 $E_T=6/15=0.40=40\%$。

（4）逐板计算结果的图示

为了直观形象地表示逐板计算结果，可利用 Excel 的绘图功能来实现，操作步骤如下。

① 打开 Sheet2，在 A1、B1 单元格中输标题"x""y"，在 A 列、B 列中输入

	A	B	C	D	E	F
1		x	y			
2	1	0.8210	0.8210	[0,0.1868]	[0.1868,0.5955]	[0.5955,0.8941]
3	2	0.8015	0.8210	0.0883	2.1283	0.8015
4	3	0.8015	0.8015	0.0862	1.8567	0.7742
5	4	0.7742	0.8015	0.0862	1.8567	0.7742
6	5	0.7742	0.7742	0.0833	1.5244	0.7336
7	6	0.7336	0.7742	0.0833	1.5244	0.7336
8	7	0.7336	0.7336	0.0789	1.1205	0.6663
9	8	0.6663	0.7336	0.0789	1.1205	0.6663
10	9	0.6663	0.6663	0.0717	0.6494	0.5317
11	10	0.5317	0.6663	0.0717	0.6494	0.5317
12	11	0.5317	0.5317	0.0572	0.2022	0.1386
13	12	0.2022	0.5317	0.0572	0.2022	0.1386
14	13	0.2022	0.2022	0.0218	0.0213	-1.9735
15	14	0.0213	0.2022	0.0218	0.0213	-1.9735
16	15	0.0213	0.0213	0.0023	0.1427	-4.1610

Sheet1 / Sheet2 / Sheet3

图 6-37　逐板计算结果

Sheet1 中所列的气液相平衡组成数据。

② 将 Sheet1 中的 B、C 列的内容复制至 Sheet2 中的 C、D 两列。

③ 在单元格 F2、F3 中输入 0、1，在 G2、G3 中输入 0、1——绘制对角线 $y=x$。

④ 在单元格 F5、F6 中输入 0.6、0.6，在 G5、G6 中输入 0、1——绘制直线 $x=0.6$。

⑤ 在单元格 F8、F9 中输入 0.052、0.052，在 G8、G9 中输入 0、0.4——绘制直线 $x=x_W$。

⑥ 在单元格 F11、F12 中输入 0.821、0.821，在 G11、G12 中输入 0、0.821——绘制直线 $x=x_D$。

以上 6 步输入的数据如图 6-38 所示。

精馏实验举例

	A	B	C	D	E	F	G
1	x	y	x	y			
2	0	0	0.8210	0.8210		0	0
3	0.0201	0.1868	0.8015	0.8210		1	1
4	0.0507	0.3306	0.8015	0.8015			
5	0.0795	0.4018	0.7742	0.8015		0.6	0
6	0.1048	0.4461	0.7742	0.7742		0.6	1
7	0.1495	0.4977	0.7336	0.7742			
8	0.2	0.5309	0.7336	0.7336		0.052	0
9	0.25	0.5548	0.6663	0.7336		0.052	0.4
10	0.3001	0.577	0.6663	0.6663			
11	0.3509	0.5955	0.5317	0.6663		0.8210	0.0000
12	0.4	0.6144	0.5317	0.5317		0.8210	0.8210
13	0.4541	0.6343	0.2022	0.5317			
14	0.5016	0.6534	0.2022	0.2022		0.5000	0.5000
15	0.54	0.6692	0.0213	0.2022		1.0000	1.0000
16	0.5955	0.6959	0.0213	0.0213		理论板数	7
17	0.6405	0.7186					
18	0.7063	0.7582					
19	0.7599	0.7926					
20	0.7982	0.8183					
21	0.8597	0.864					
22	0.8941	0.8941					

Sheet1 / Sheet2 / Sheet3

图 6-38　全回流精馏实验数据结果

⑦ 选择 A2：B22 单元格区域，利用图表向导绘制 x、y 散点图——相平衡曲线；

⑧ 选中绘图区，单击鼠标右键选择数据源选项，添加 5 个系列，为各系列选择 x、y 值的数据区域，即得图 6-39 所示梯级图。各系列的 x、y 区域如下。

系列 2：x＝Sheet2！C2：C16，y＝Sheet2！D2：D16——梯级；

系列 3：x＝Sheet2！F2：F3，y＝Sheet2！G2：G3——对角线；

系列 4：x＝Sheet2！F5：F6，y＝Sheet2！G5：G6——直线 $x=0.6$；

系列 5：x＝Sheet2！F8：F9，y＝Sheet2！G8：G9——直线 $x=x_W$；

系列 6：x＝Sheet2！F11：F12，y＝Sheet2！G11：G12——直线 $x=x_D$。

⑨ 由图 6-39 知在高浓度区域梯级较小，为便于观察，可将高浓度区域部分放大，如图 6-40 所示。

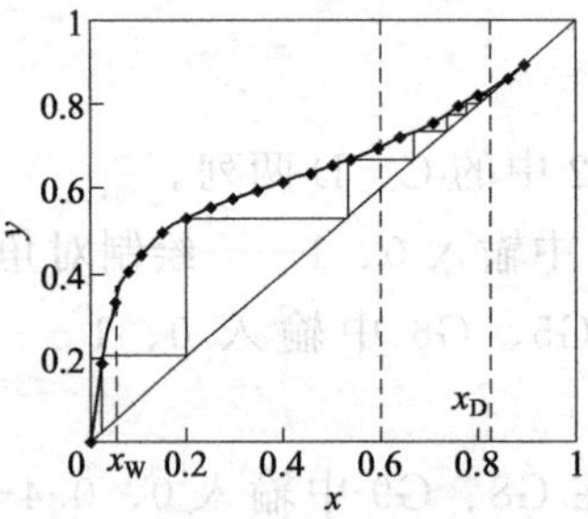

图 6-39　全回流精馏实验图示计算结果

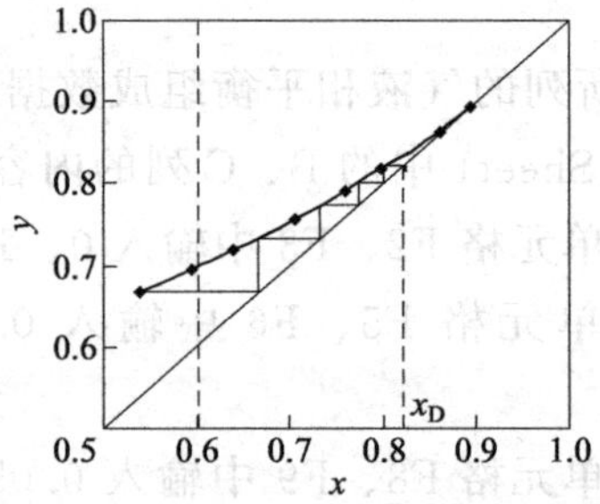

图 6-40　全回流精馏实验高浓度区放大图

6.2.6　部分回流精馏实验

（1）原始数据

某同学所做乙醇-水部分回流实验结果如下。

精馏段操作方程　　　　$y_{n+1}=0.667x_n+0.256$

提馏段操作方程　　　　$y_{n+1}=4.208x_n-0.069$

馏出液、釜液中轻组分组成分别为 $x_D=0.769$，$x_W=0.0216$。

（2）数据处理

① 求精馏段与提馏段操作线的交点坐标　在 E2：G4 单元格区域输入图 6-41 所示数据。选择 H3：H4，输入“＝MMULT（MINVERSE（E3：F4），G3：G4）”，再按“CTRL＋SHIFT＋ENTER”，得到交点坐标，$x_q=0.092$，$y_q=0.317$，见图 6-41。

② 用逐板计算法求理论塔板数

a. 在 C9：C18 单元格区域中分别填入 0、1、2、3、4、5、6、7、8、9——计算理论塔板数；

b. 在 D8、E8 单元格中分别输入 x、y；在 D9、E9 单元格中分别输入 0.7690、0.7690——即点（x_D，x_D）；

c. 在 E10 单元格中输入“＝D9”——$y_1=x_D$；

精馏实验举例

	A	B	C	D	E	F	G	H	I
1	部分回流实验								
2					y	x	b		
3	精馏段操作方程	y=0.667+0.256			1	-0.667	0.256	0.317	←y_q
4	提馏段操作方程	y=4.208x-0.069			1	-4.208	-0.069	0.092	←x_q
5	馏出液组成	x_D=0.769							
6	釜液组成	x_W=0.0216							

Sheet1 / 全回流 / 部分回流

图 6-41　求精馏段、提馏段操作线的交点坐标图示

d. 在 D10 单元格中输入"=IF(E10>0.5955，H10，IF(E10>0.1868，G10，F10))"，并将该公式复制至 D11:D18——根据平衡线方程 $x_n=f(y_n)$，由 y_n 求 x_n；

e. 在 F10 中输入"=0.1076 * E10"，并将该公式复制至 F11：F18——平衡线方程 $x_n=f(y_n)$；

f. 在 G10 中输入"=0.191908－2.58997 * E10＋13.5603 * E10^2－29.3194 * E10^3＋24.5361 * E10^4"，并将该公式复制至 G11：D18——平衡线方程 $x_n=f(y_n)$；

g. 在 H10 中输入"=－4.47867＋15.26594 * E10－15.35181 * E10^2＋5.59208 * E10^3"，并将该公式复制至 H11：H18——平衡线方程 $x_n=f(y_n)$；

h. 在 E11 中输入"=IF(D10>0.092，0.667 * D10＋0.256，4.208 * D10－0.069)"，并将该公式复制至 E12：D18——根据操作线方程 $y_{n+1}=ax_n+b$，由 x_n 求 y_{n+1}，当 $x_n \geqslant x_q$ 时，用精馏段操作方程计算，否则，用提馏段操作方程计算。

实施以上各步后得到图 6-42。由此图知，理论板数为 9（含再沸器），则全塔效率 $E_T=\dfrac{9-1}{15}\times 100\%=53.3\%$。

精馏实验举例

	C	D	E	F	G	H
8		x	y			
9	0	0.7690	0.7690	[0,0.1868]	[0.1868,0.5955]	[0.5955,0.8941]
10	1	0.7254	0.7690	0.0827	1.4665	0.7254
11	2	0.6773	0.7398	0.0796	1.1762	0.6773
12	3	0.6184	0.7077	0.0762	0.9133	0.6184
13	4	0.5365	0.6685	0.0719	0.6614	0.5365
14	5	0.4011	0.6139	0.0661	0.4139	0.4011
15	6	0.1888	0.5236	0.0563	0.1888	0.1083
16	7	0.0694	0.3819	0.0411	0.0694	-0.5760
17	8	0.0242	0.2230	0.0240	0.0242	-1.7754
18	9	0.0035	0.0330	0.0035	0.1203	-3.9920

Sheet1 / 全回流 / 部分回流

图 6-42　用逐板计算法求部分回流时的理论塔板数

6.2.7　干燥实验

(1) 原始数据

原始数据如图 6-43 所示。

(2) 数据处理

① 数据处理结果的表格表示

a. 在单元格 E11 中输入 0，在单元格 E12 中“=C12+E11”，并将该公式复制至“E13：E21”——计算干燥时间；

b. 在单元格 F11 中输入“=(D11－10.12)/10.12”，并将该公式复制至“F12:F21”——计算物料的干基含水量；

c. 在单元格 G12 中输入“=0.5＊(F12+F11)”，并将该公式复制至“G13:G21”——计算间隔平均含水量；

d. 在单元格 H12 中输入“=B12＊1e－3/(0.0117＊C12)＊1e4”，并将该公式复制至“H13:H21”——计算干燥速率。

实施以上步骤后得到图 6-44。

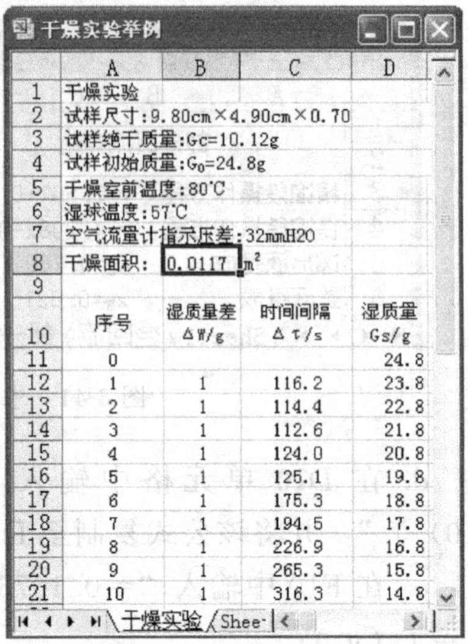

干燥实验举例

	A	B	C	D
1	干燥实验			
2	试样尺寸:9.80cm×4.90cm×0.70			
3	试样绝干质量:Gc=10.12g			
4	试样初始质量:G₀=24.8g			
5	干燥室前温度:80℃			
6	湿球温度:57℃			
7	空气流量计指示压差:32mmH2O			
8	干燥面积:	0.0117 m²		
9				
10	序号	湿质量差 ΔW/g	时间间隔 Δτ/s	湿质量 Gs/g
11	0			24.8
12	1	1	116.2	23.8
13	2	1	114.4	22.8
14	3	1	112.6	21.8
15	4	1	124.0	20.8
16	5	1	125.1	19.8
17	6	1	175.3	18.8
18	7	1	194.5	17.8
19	8	1	226.9	16.8
20	9	1	265.3	15.8
21	10	1	316.3	14.8

图 6-43　干燥实验原始数据

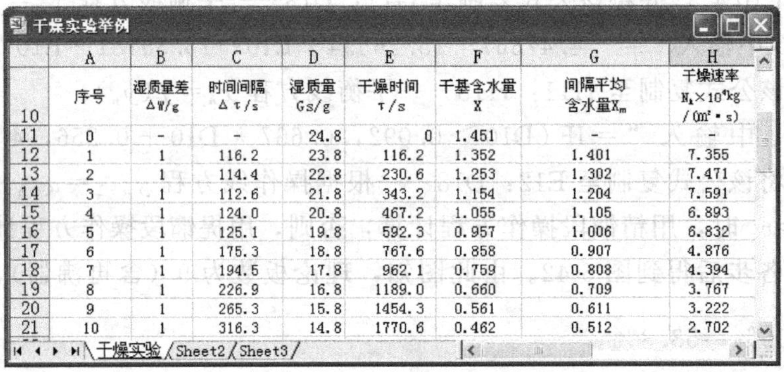

干燥实验举例

	A	B	C	D	E	F	G	H
10	序号	湿质量差 ΔW/g	时间间隔 Δτ/s	湿质量 Gs/g	干燥时间 τ/s	干基含水量 X	间隔平均含水量 X_m	干燥速率 $N_A\times10^4$kg/(m²·s)
11	0	-	-	24.8	0	1.451	-	-
12	1	1	116.2	23.8	116.2	1.352	1.401	7.355
13	2	1	114.4	22.8	230.6	1.253	1.302	7.471
14	3	1	112.6	21.8	343.2	1.154	1.204	7.591
15	4	1	124.0	20.8	467.2	1.055	1.105	6.893
16	5	1	125.1	19.8	592.3	0.957	1.006	6.832
17	6	1	175.3	18.8	767.6	0.858	0.907	4.876
18	7	1	194.5	17.8	962.1	0.759	0.808	4.394
19	8	1	226.9	16.8	1189.0	0.660	0.709	3.767
20	9	1	265.3	15.8	1454.3	0.561	0.611	3.222
21	10	1	316.3	14.8	1770.6	0.462	0.512	2.702

图 6-44　干燥实验数据处理结果

② 数据处理结果的图形表示——创建干燥曲线即 X-τ 图和干燥速率曲线即 N_A-X 图。以 E11：F21 数据区域内容作图，得到干燥曲线（图 6-45）；以 G12：H21 数据区域内容作图，得到干燥速率曲线（图 6-46），并用绘图工具栏中的“直线”工具绘制恒速段干燥曲线和“曲线”工具绘制降速段干燥曲线（图 6-46）。

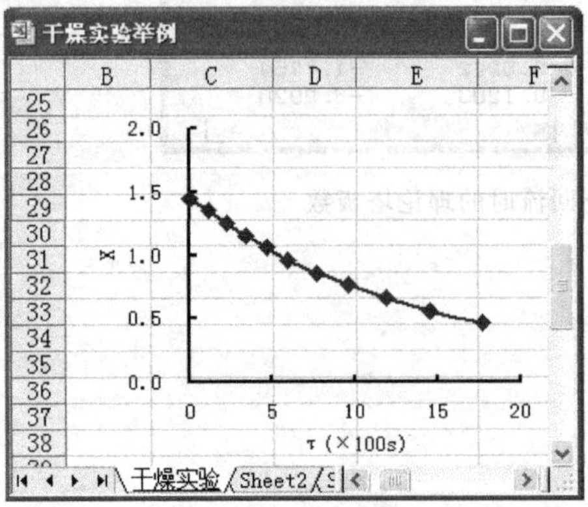

图 6-45　干燥曲线图

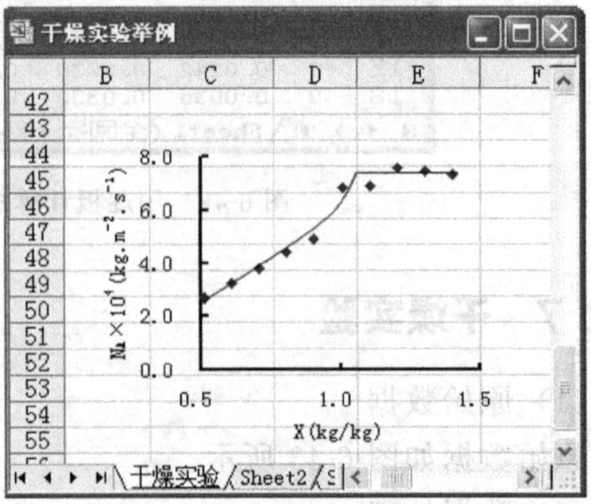

图 6-46　干燥速率曲线图

附录

附录1 常用数据

（1）常压下乙醇-水溶液的平衡数据

液相中乙醇的摩尔分数	气相中乙醇的摩尔分数	液相中乙醇的摩尔分数	气相中乙醇的摩尔分数	液相中乙醇的摩尔分数	气相中乙醇的摩尔分数
0.00	0.00	0.30	0.575	0.85	0.855
0.01	0.11	0.35	0.595	0.894	0.894
0.02	0.175	0.40	0.614	0.90	0.898
0.04	0.273	0.45	0.635	0.95	0.942
0.06	0.340	0.50	0.657	1.00	1.000
0.08	0.392	0.55	0.678		
0.10	0.430	0.60	0.698		
0.14	0.482	0.65	0.725		
0.18	0.513	0.70	0.755		
0.20	0.525	0.75	0.785		
0.25	0.551	0.80	0.820		

（2）常压下乙醇-正丙醇汽-液平衡数据

x	0	0.126	0.188	0.210	0.358	0.461	0.546	0.600	0.663	0.884	1.000
y	0	0.240	0.318	0.349	0.550	0.650	0.711	0.760	0.799	0.914	1.000

（3）30℃时乙醇质量分数与折射率的换算公式

$$w=58.84416-42.61325n$$

（4）酒精相对密度与浓度对照表（20℃）

液体相对密度 20/4℃	酒精			液体相对密度 20/4℃	酒精		
	体积分数%	质量分数%	g/100mL		体积分数%	质量分数%	g/100mL
0.99528	2.00	1.59	1.58	0.92617	52.00	44.31	41.05
0.99243	4.00	3.18	3.16	0.92209	54.00	46.23	42.62

续表

液体相对密度 20/4℃	酒精			液体相对密度 20/4℃	酒精		
	体积分数%	质量分数%	g/100mL		体积分数%	质量分数%	g/100mL
0.98973	6.00	4.78	4.74	0.91789	56.00	48.16	44.20
0.98718	8.00	6.40	6.32	0.91359	58.00	50.11	45.78
0.98476	10.00	8.02	7.89	0.90915	60.00	52.09	47.36
0.98238	12.00	9.64	9.47	0.90463	62.00	54.10	48.94
0.98009	14.00	11.28	11.05	0.90001	64.00	56.13	50.52
0.97786	16.00	12.92	12.63	0.89531	66.00	58.19	52.10
0.97570	18.00	14.56	14.21	0.89050	68.00	60.28	53.68
0.97359	20.00	16.21	15.77	0.88558	70.00	62.39	55.25
0.97145	22.00	17.88	17.37	0.88056	72.00	64.54	56.83
0.96925	24.00	19.55	18.94	0.87542	74.00	66.72	58.41
0.96699	26.00	21.22	20.52	0.87019	76.00	68.94	59.99
0.96456	28.00	22.91	22.10	0.86480	78.00	71.19	61.57
0.96224	30.00	24.61	23.68	0.85928	80.00	73.49	63.15
0.95972	32.00	26.32	25.26	0.85364	82.00	75.82	64.73
0.95703	34.00	28.04	26.84	0.84786	84.00	78.20	66.30
0.95419	36.00	29.78	28.42	0.84188	86.00	80.63	67.88
0.95120	38.00	31.53	29.99	0.83569	88.00	83.12	69.46
0.94805	40.00	33.30	31.57	0.82925	90.00	85.67	71.04
0.94477	42.00	35.09	33.15	0.82246	92.00	88.29	72.62
0.94135	44.00	36.89	34.73	0.81526	94.00	91.01	74.20
0.93776	46.00	38.72	36.31	0.80749	96.00	93.84	75.78
0.93404	48.00	40.56	37.89	0.79900	98.00	96.82	77.36
0.93017	50.00	42.43	39.47	0.78934	100.00	100.00	78.93

附录 2　阿贝折射仪的使用方法

准备和校正　将折射仪放置在光线充足的地方，与恒温水浴相连接，用蒸馏水或校正玻璃块对折射仪进行校正。纯水 30℃时的折射率为 1.33194。

测定某物质的折射率的步骤如下。

(1) 测量折射率时，放置待测液体的薄片状空间可称为“样品室”。测量之前应用无水乙醇和镜头纸将样品室的上下磨砂玻璃表面擦拭干净，以免留有其他物质影响测定的精确度，待无水乙醇完全挥发后才能测量。

(2) 在样品室关闭且锁紧手柄的挂钩刚好挂上的状态下，用医用注射器将待测的液体从样品室侧面的小孔注入样品室内，然后立即旋转样品室的锁紧手柄，将样品室锁紧

（锁紧即可，但不要用力过大）。

（3）适当调节样品室下方和竖置大圆盘侧面的反光镜，使两镜筒内的视场明亮。

（4）从目镜中可看到刻度的镜筒叫“读数镜筒”，另一个叫“望远镜筒”。先估计一下样品的折射率数值的大概范围，然后转动竖置大圆盘下方侧面的手轮，将刻度调至样品折射率数值的附近。

（5）转动目镜底部侧面的手轮，使望远镜筒视场中除黑白两色外无其他颜色。再旋转竖置大圆盘下方侧面的手轮，将视场中黑白分界线调至斜十字线的中心［如附图 2-1（a）所示］。

（6）在读数镜筒中看到的刻度读数［附图 2-1（b）］则为待测物质的折射率数值 ND。

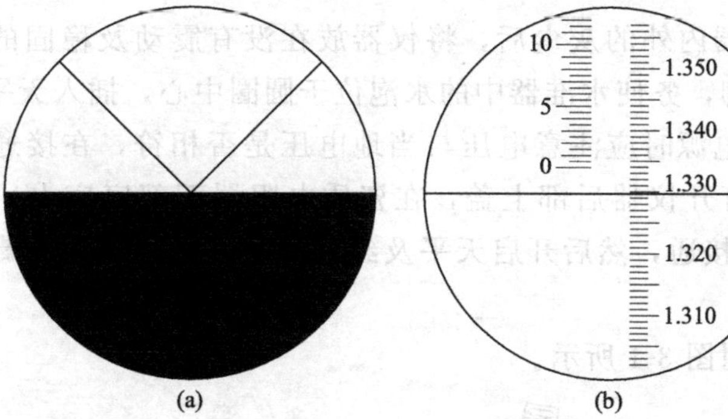

附图 2-1　折射仪读数

（7）根据读得的折射率数值 ND 和样品室的温度，从浓度-折射率标定曲线查该样品的质量分数。

要注意保持折射仪的清洁，严禁污染光学零件，必要时可用干净的镜头纸或脱脂棉轻轻地擦拭。如光学零件表面有油垢，可用脱脂棉蘸少许洁净的汽油轻轻地擦拭。

附录 3　快速水分测定仪的使用方法

一、原理及用途

原料、燃料、成品或半成品所含的游离水分大多是一项重要的技术经济指标或技术操作条件，当对含水率需作精密测定时，一般使用烘箱并配置精密天平，试样物质在烘干后的失重量和烘干前的原始质量之比值，就是这个试样的含水率。这种方法能够得到较高的测试精度，但是耗用的时间很长，不能及时地指导实验或生产。

SC69-02C 型水分快速测定仪采用相似的原理，将一台定量天平的秤盘置于红外线灯泡的直接辐射之下，试样接受红外线辐射波的热能后，游离水分迅速蒸发，当试样物质中的游离水分充分蒸发后，即能通过仪器上的光学投影装置直接读出试样的含水率，不仅缩短了测试时间，而且操作也比较方便。

要求含水率做快速测定及能够经受红外线辐射波照射而不挥发或分解的物质均能使用本仪器。

二、主要技术参数

最大称量	10g
分度值	5mg
秤盘直径	ϕ100mm
输入电压	220V
红外线灯泡	220V/250V
红外线灯电压调节范围	140～220V
外形尺寸	290mm×365mm×560mm
质量（净重）	12kg

三、安装

1. 拆箱后擦净仪器内外的灰尘后，将仪器放在没有震动及稳固的工作台上，垫上垫脚，旋动水平调整脚，务使水准器中的水泡位于圆圈中心，插入天平开关旋钮。

2. 接通电源，接电源时应注意电压与当地电压是否相符，在接通电源前先检查熔丝管、红外线插头（打开仪器后部上盖，在瓷质电阻器下部底座上）及光学电源插头（在光学柱背面）是否接通，然后开启天平及红外线灯开关，此时投影屏上及红外线灯应光亮。

安装后的天平如附图 3-1 所示。

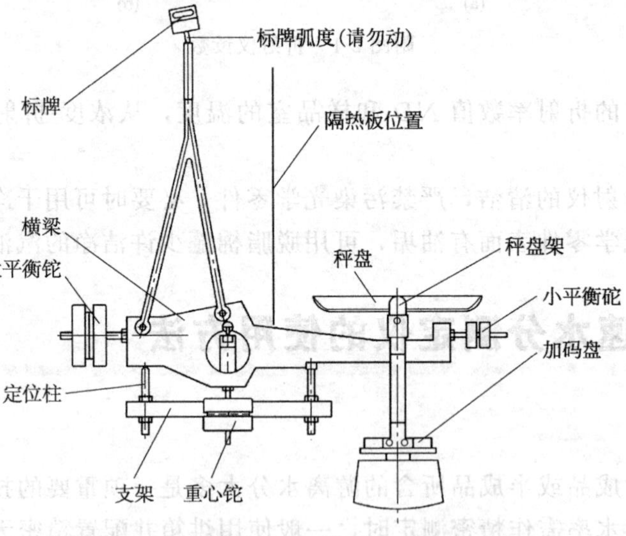

附图 3-1　定量天平的结构及调整示意图

3. 打开仪器后部上盖，抽出仪器机箱内前后结合部的一块垂直安插的隔热板，安装横梁前先用手帕蘸无水乙醇将横梁上两把刀刃轻拭干净；再轻轻地将天平横梁准确安放在支架的三个定位柱尖端上，开启天平时，横梁除正常摆动外，不能有明显的扭动或移位。然后插好隔热板。

安放横梁时应注意：指针架上端的微分标牌已调整好的弧度请勿乱动，否则会影响天平的零位和清晰度，并切勿与周围零件碰撞，以免影响清晰度，甚至损坏微分标牌，安放时应切断电源。

四、调整

1. 光学投影的调整：

当仪器正确安装或调较仪器灯泡后，投影屏内刻度不清、光度不强时，可按下列方法调整。

(1) 光度不强　升降旋转光源灯座和移动光源灯支架，使灯丝对准由聚光镜和物镜组成的光轴线，让光聚成一个明亮的小圆准确地投入物镜，经调整后投影屏上应有足够的亮度和尽可能地减少色差。如调整光源灯仍不能满足要求，可前后移动聚光镜筒进行调整。

(2) 刻度不清晰　缓慢地前后移动物镜筒，直至投影屏上刻度清晰为止。

(3) 投影屏上有黑影缺陷　一般是零位调整旋钮位置不当所造成的。如经检查并非这些原因，应按光路结构逐步进行检查，调整时应谨慎小心，以免损坏光学零件，或由专门的调整人员进行调整。

经调整后各定位螺钉应随手拧紧。光学投影系统调整示意图见附图 3-2。

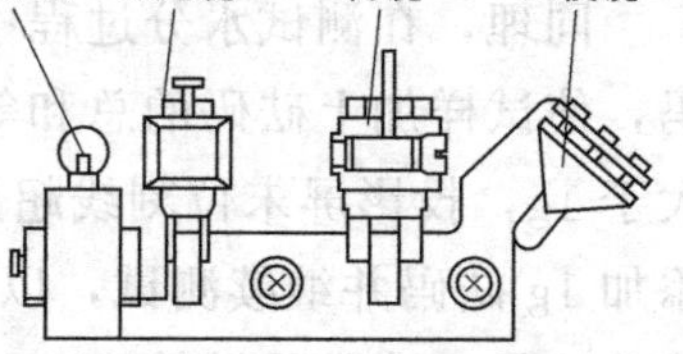

附图 3-2　光学投影系统调整示意图

2. 零位的校正

在秤盘内加上 10g 砝码并开启天平，若不平衡，旋动零位微调旋钮或横梁前端的小平衡砣，使零位刻线对准基准刻线，在一般情况下不要旋动大平衡砣。

3. 分度值的检查和调整

校正零位后，在秤盘上减去 1g 砝码，此时，末位刻线（不包括辅助线）应对准基准刻线，误差不大于±1 个分度。超过允许误差时，可切断电源，抽出隔热板，取下横梁，旋动横梁下端的重心砣，反复进行调整。

注意：在秤盘上增减砝码，尤其是旋动平衡砣时，一定要关闭天平，防止损坏天平刀口和微分标牌，旋动平衡砣和重心砣后，必须紧固，以防松动（在一般情况下天平出厂时已经校正好，不需再行调整）。

五、使用

正确地使用本仪器，掌握最佳的测试工艺过程，才能达到最好的测定效果。当对试样的含水率做正确测定时，环境的温度和湿度对测定结果有较大的影响，因此，一般要按下列步骤进行。

1. 干燥处理

在红外线的辐射下，秤盘和天平称重系统表面吸附的水分也会受热蒸发，直接影响测试精度，因此在工作前必须进行干燥处理，特别是在湿度较大的环境条件下，这项工作务必进行。

干燥处理可在仪器内进行，把要用的秤盘全部放进仪器前部的加热室内，开启红外线灯约 5min，然后关灯冷却至常温。安放秤盘的位置应有利于水分的迅速充分蒸发，可以将其斜靠在加热室两边的壁上，千万不要堆在一起。

2. 称取试样

称取试样必须在常温下进行，可以采取以下两种方法。

（1）仪器经干燥处理冷却到常温后，用10g砝码校正零位，在仪器上对试样进行称量，按选定的量值把试样全部称好，放置在备用秤盘或其他容器内。

（2）试样的定量用精度不低于5mg的其他天平进行。这种取样方法尤其适用于生产工艺过程中的连续测试工作，能大大加快测试速度，并且可以使干燥处理和预热调零工作合并进行。

注意：由于本仪器内的天平是10g定量天平，投影屏上的显示为失重量，最大显示范围是1g，所以天平的直接称量范围是9～10g。当秤盘上的实际载荷小于9g时，必须在加码盘内加上适量的平衡砝码，否则不能读数。

例如：在仪器内称取3g的试样，先在加码盘内加上7g平衡砝码，再在加码盘内加放试样，直至零位刻线对准基准刻度线，这时秤盘内的试样净重为3g。

同理，在测试水分过程中，当试样不满10g时，必须在加码盘内加上适量的平衡砝码，使试样加上砝码的总和等于10g（投影屏内显示值为零）。经加热蒸发试样失水量大于1g，投影屏末位刻线超过基准刻线已无法读数时，可关闭天平后，在加码盘内再添加1g砝码并继续测试，以此类推。在计算时，砝码添加量必须包括在含水率内（具体方法见“读数及计算”）。

3. 预热调零

天平横梁一端在红外线辐射下工作，受热后膨胀伸长，改变常温下的平衡力矩，使天平零位漂移2～5分度。因此必须在加热条件下校正天平的零位，消除这一误差。方法是在加码盘内加10g砝码，秤盘内不放试样，开启天平和红外线灯约20min后，投影屏上的刻线不再移动，校正零位。

经预热校正后的零位，在连续测试中不能再任意校正，如果产生怀疑，应按上述方法重新检查校正。

4. 加热测试

仪器经预热调零后，取下10g砝码，把预先称好的试样均匀地倒在加码盘内，当使用10g以下试样时，在加码盘内加适量的平衡砝码。然后开启天平和红外线灯，对试样进行加热，在红外线辐射下，试样因游离水分蒸发而失重，投影屏上刻度也随着移动，一段时间后刻度停止移动（不包括因受热气流影响刻度在很小范围内的上下移动）。这标注着试样内游离水已蒸发并达到了恒重点。此时读出并记录数据，测试工作结束。

当样品的含水量不大于1g时，使用10g或5g的定量试样，在投影屏内可直接读取试样的含水率。

当样品的含水量大于1g时，如前所述，关闭天平添加砝码后，继续测试。

调节红外线灯的电压，决定了对试样加热的温度。对于不同的试样，使用者应通过试验选用不同的电压；测试相同的试样时，应用相同的电压；对于易燃、易挥发、易分解的试样，先选用低电压。

如果试样在加温很长时间后仍达不到恒重点，操作者应寻找原因，一般可能是试样中游离水蒸发的同时试样本身挥发，或试样中的结晶水析出，试样分解，甚至被熔化或粉化，某些物品在游离水蒸发后结晶水才分解（如附图3-3所示）。在试样的失重曲线上会有一段恒重点，此时可用低电压加热，使这段恒重点适当延长，便于观察和掌握读数的时间。

5. 读数及计算

仪器光学投影屏上的数值和刻度如附图 3-4 所示。

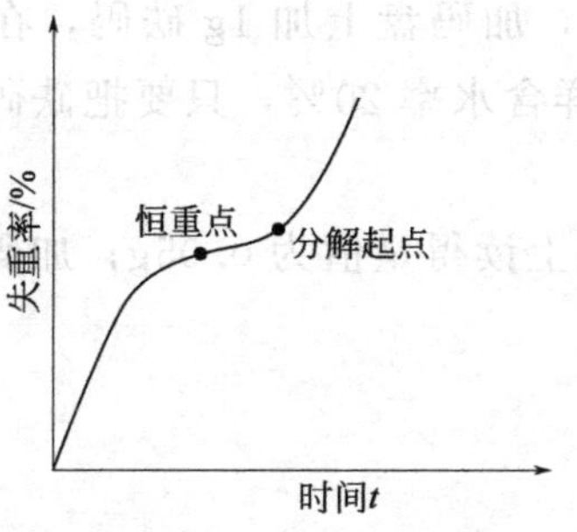

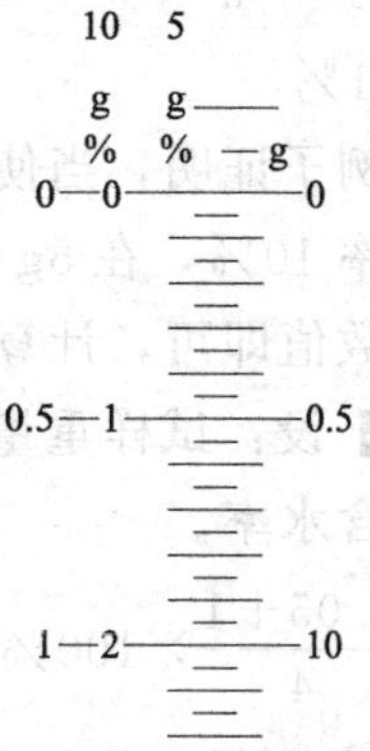

附图 3-3　某些试样当水分蒸干后而分解的曲线　附图 3-4　投影屏上刻线和读数示意图

微分标牌有效刻度共 200 个分度（不包括两端的辅助线），它的左右在垂直方向上分三组数值，按不同的取样重量或使用方法，代表了三种不同的量值。

(1) 左起第一组　用于使用 10g 定量的试样测定，分度值为 0.05%，200 个分度合计为 10%。

(2) 左起第二组　用于使用 5g 定量的试样测定，分度值为 0.1%，200 个分度合计为 20%。

(3) 右起第一组　用于取样和使用 10g 以下任意重量的试样测定，分度值为 0.005g，200 个分度合计为 1g。

当含水量大于 1g，在加码盘上已添加了砝码时，要和投影屏的数值一起合并计算，方法如下。

(1) 当使用 10g 或 5g 的定量测定方法时：

$$\delta = K + \frac{g}{G} \times 100\% \qquad (附\ 3\text{-}1)$$

(2) 当使用 10g 以下任意重量的测定方法时：

$$\delta = \frac{K + g}{G} \times 100\% \qquad (附\ 3\text{-}2)$$

式中　δ——含水率，%；

K——和测试方法相应的读数值［式(附 3-1) 的单位是%，式(附 3-2) 的单位是 g］；

G——样品重量，g；

g——加码盘上固含水量超过 1g 时添加的砝码重量，g。

【例附 3-1】设：试样重量 10g；在左起第一组上读得量值为 0.5%；加码盘上添砝码为 2g。求试样的含水率。

解　$\delta = 0.5\% + \frac{2}{10} \times 100\%$

$= 20.5\%$

【例附 3-2】设：试样重量 5g；在左起第二组上读得量值为 1%；加码盘上添加砝码 1g。求试样的含水率。

解 $\delta = 1\% + \frac{1}{5} \times 100\%$

$= 21\%$

以上两个例子证明，当使用定量测试方法，加码盘上加 1g 砝码，在 10g 定量时相当于试样含水率 10%，在 5g 定量时相当于试样含水率 20%，只要把砝码盘上添加砝码值加上标牌读数值即可，计算十分方便。

【例附 3-3】设：试样重量 4g；在右边一组上读得量值为 0.05g；加码盘上添加砝码 1g。求试样的含水率。

解 $\delta = \frac{0.05+1}{4} \times 100\%$

$= 26.25\%$

有经验的操作者可以通过试验，根据被测试样的性能，选定试样重量、电压、加热时间等，得出一套切合实际的基本的测试工艺，以减小测试误差和缩短测试时间。

注意：加热过程中开启仪器门后，固冷空气会进入加热室，所以必须关门加热后约 2min 才能读数。

室温在 15℃以下时，测定的试样含水量偏低，可以采取一些保温措施。例如，提高室温，仪器按装在较小的室内，或在仪器外面加上罩壳等，防止冷空气吸收热量，达到提高温度的目的。

衡量完毕，应将被测物质或砝码取下，不可留置盘中。

仪器的主件、横梁上各个零件除平衡砣外，不可任意移动。

六、保养

水分快速测定仪是测量仪器，在使用中必须小心谨慎，注意保养。

1. 仪器拆箱后，不能直接放入与室外温度相差悬殊的室内，避免光学零件表面吸附水汽，损坏零件。

2. 仪器应安装在稳固的工作台上，尽可能与灰尘、较强气流和腐蚀性气体隔离，并远离震源。当震动引起天平不能稳定读数停点时，工作台采取隔震措施。安装环境的相对湿度最好不要大于 75%。长期不用时，仪器内应放干燥剂，以免光学零件发霉。

3. 使用仪器时，砝码应尽可能放在盘中心，试样也应尽可能均匀地散布在秤盘表面，使其重心仍处于秤盘中心，以免造成测试误差或影响正常工作。

4. 当天平处于工作状态时，不能在秤盘上取放试样或砝码。不能开关仪器门或做其他会引起天平震动的动作。

5. 仪器应经常保持清洁，严禁用手抚摸光学零件，不要使砝码或试样落进阻尼筒内。

6. 仪器必须根据使用频繁度定期检查，使它一直处于良好的工作状态。

7. 发现仪器有损坏或摆动不正常时，在未消除故障前应停止使用，经修理并检验合格后才可继续使用。

8. 等量秤盘和砝码应定期检查，如发现有损坏或失准时应立即停止使用，经修理并检查合格后方能继续使用。

9. 取用砝码必须用砝码钳，用毕后立即放回砝码盒的原处。

参考文献

[1] 牟宗刚．化工原理实验［M］．北京：科学出版社，2012.
[2] 徐洪军，王卫东．化工原理实验［M］．北京：航空工业出版社，2014.
[3] 王欲晓．化工原理实验指导［M］．北京：化学工业出版社．2016.
[4] 王雪静，朱芳坤．化工原理实验［M］．北京：化学工业出版社．2016.
[5] 杨祖荣．化工原理实验：第2版［M］．北京：化学工业出版社，2014.
[6] 田维亮．化工原理实验［M］．北京：化学工业出版社，2015.
[7] 王存文．化工原理实验（双语）［M］．北京：化学工业出版社，2014.
[8] 谭天恩等．化工原理（上、下）：第4版［M］．北京：化学工业出版社．2013.
[9] 梁亮．化工原理实验：第2版［M］．北京：中国石化出版社．2015.
[10] 赵晓霞，史宝萍．化工原理实验指导［M］．北京：化学工业出版社．2012.